香檳時光

品種、釀造、產區、酒款、品飲、餐搭、故事
享受香檳必備指南

香檳時光

品種、釀造、產區、酒款、品飲、餐搭、故事
享受香檳必備指南

陳匡民 著

積木文化

目次

作者序

從上一本《我愛香檳》出版至今,又過了十二年。

在這段日子裡,我們一起經歷了前所未有的科技進步、社會變革、環境巨變。不變的是,這種源自法國的全球最知名氣泡酒——香檳,仍在我們左右。

儘管作為世上最奢華的氣泡酒,香檳在近十餘年又歷經許多變化,小農生產者的興起、全球氣候變遷帶來的種植挑戰等等,儘管如果以誕生三百餘年的香檳歷史來看,最近這一段似乎並不像過去那般充滿驚滔駭浪、跌宕起伏,然而,默默地,香檳前進和變化的腳步卻也從未停歇。

在種類繁多的葡萄酒裡,香檳作為氣泡酒,仍獨立堅守著自己的小宇宙。儘管可能失去了全球最暢銷氣泡酒的王座,但是各種按使用品種、年分調配、培養時間、釀造工法、口感差異建構出的各色香檳,依舊能從飯前喝到飯後、從前菜搭到主菜,甚至一路配到餐後的乳酪或甜點,無與倫比的豐富性,讓香檳依舊是最受歡迎的佐餐酒。

酷愛香檳的邱吉爾曾經說：「沒有香檳我就活不下去。勝利時，我值得來杯香檳；頹敗時，我需要香檳」（I could not live without Champagne. In victory I deserve it. In defeat I need it）。在如今這可能是最壞或最好的年代，我們每個人，只要願意，也都能隨時開啟自己的「香檳時光」。在愉悅歡欣時，用香檳犒賞自己；在落寞失意時，用香檳鼓勵自己。身為葡萄酒中少數配得上法國料理，也能襯托鹽酥雞的最高貴氣泡酒，我衷心祝願所有飲者的香檳時光，都能成為人生中難忘的高光時刻，所有的美好時光，也都因為香檳而更添光彩。

　　感謝法國食品協會、本地所有香檳進口商對本書提供的大力協助；法國香檳協會（CIVC）的 Brigitte Batonnet 女士、Philippe Wibrotte 先生；慨然受訪的 Richard Juhlin 先生、吳明都先生、莊志民先生、潘大鈞先生。感謝積木全體同仁，以及那些曾和我共享香檳和愛的諸多酒友。

History

[香檳大事紀]

香檳的歷史有多久多長，難道和今天喝酒的我們也有關係？那可不，知道這種三百多年前發展出的葡萄酒，是如何一路從半數會自動爆炸、甜到會讓人蛀牙的醜小鴨，走到今天成為高貴奢華酒款代表的精品位置；或者，被視為香檳「發明人」的唐培里儂修士（Dom Pierre Pérignon）其實又有怎樣多舛的命運，這一則則故事能讓我們的下一口香檳喝起來更多一些屬於歷史的豐厚滋味。

香檳地區開始出現葡萄栽種。

西元 **5** 世紀末

西元 **9** 世紀

當時著名的黑皮諾產地 Aÿ 村莊，產出顏色清淡的紅酒。

被譽為「香檳之父」的唐培里農修士誕生。

唐培里農修士逝世；路易十五即位，據說他相當喜愛這種當時每年只能產出數千瓶，其中可能還有半數會爆炸的「偶發性」氣泡酒。

1638

1715

1668

唐培里農修士抵達香檳區的 Hautvillers 修道院，陸續開始從事提升香檳品質的工作。他一方面訂定許多葡萄種植、收成、釀製的相關規範，同時也試著「解決」當時酒中出現的惱人氣泡。

當時香檳地區的酒多數是提供法國的地主與貴族們（比方在凡爾賽宮裡）飲用，或整桶整桶地運往英國等外地銷售，在對發酵過程還不很瞭解的那個年代，香檳地區因冬季嚴寒而暫時停止發酵的酒，往往在抵達目的地被分裝至玻璃瓶後，酒中還殘存著糖分和養分；於是，已經裝瓶的酒可能在春天氣候回暖之際，繼續在瓶中開始發酵，造成當時「酒中竟然有氣泡」的嚴重瑕疵。這些當初被認為是劣質的「氣泡酒」起初並不受歡迎，甚至引發「香檳地區的酒，必須要在復活節前喝完」才能避免冒泡的說法；看來當時人們對「非氣泡」香檳，可是訂有明確的「保存期限」。另一方面，刻意在酒中增加糖分讓酒產生氣泡的手法，也在這段期間陸續變得普及。不過，此時的「香檳」仍有很大部分會在二次發酵時，因為玻璃瓶身無法承受發酵所產生的壓力而破裂，或者因二次發酵所產生的酒渣而呈混濁狀態。

路易十五下令准許香檳以瓶裝出口（而非先前必須以桶為單位）的隔年，史上第一家香檳酒廠慧納（Ruinart）率先創立。此後，巴黎餐廳數量暴增，以及氣泡酒在宮廷的大受歡迎，都帶動了香檳的銷售和人氣。主要的香檳酒廠，如泰廷爵（Taittinger）的前身、酪悅（Moët）、蘭頌（Lanson）、凱歌（Cliquot）等酒廠，都在之後的四十年間陸續成立。

1729

1718　1789

法國首度出現關於「有氣泡」香檳的文字紀載，提及這種酒約出現在二十年前的 1695 ～ 1698 年左右。不過，也有一說是這種氣泡葡萄酒在略早的 1680 年代已經誕生。

法國大革命爆發。

彗星現身的絕佳香檳年分。

香檳酒廠波茉莉（Pommery）為滿足英國市場的需求，連續五年推出完全不加糖的「Brut Nature」酒款。

1811　1874
1816

凱歌夫人（Madame Cliquot）研發出能更有效率地去除香檳酒渣的搖瓶方式，自此之後，香檳才得以經常冒出清澈氣泡。

一度因為法國大革命而稍顯停頓的香檳產業，在十九世紀前半出現了飛躍性的發展。1830 年代，由法國藥學者開發出的糖度計，讓生產者可以測量一次發酵後的殘餘糖度，並依此調整二次發酵所需的糖分。精準測量糖分讓以往酒瓶因承受過大壓力而破裂的狀況大幅改善。及至 1850 年代，玻璃瓶生產技術的提升，讓更耐得住高壓的堅固酒瓶，大幅降低了酒瓶破損的機率。十九世紀前半，更多香檳酒廠陸續加入生產行列，香檳產量因此從 1790 年代的三十萬瓶，提升到 1830 年代的三百萬瓶。

十九世紀中期之後，隨著產量的提升，不同市場對香檳口味也開始出現不同需求。當俄國人把含糖量極高（殘糖量動輒數百公克，比今天最甜的香檳還要甜上四、五倍）的香檳，當做餐後甜點酒飲用之際，已有波特甜酒作為餐後酒的英國市場，則希望他們的香檳可以不那麼甜，進而催生了口感較不甜的「Brut」香檳。

根瘤蚜蟲病橫掃香檳地區。

香檳地區葡萄酒生產同業委員會
（Comité interprofessionnel du
vin de Champagne，CIVC）成立。

1890 1941

1917

俄國大革命爆發，身為香檳主要出口
市場的俄國在一夕之間消失。

即便遭逢世界金融海嘯，法國香檳在 2009 年仍有兩億九千三百三十萬瓶的銷量。其中在法國被喝掉的就超過一半，達一億八千一百萬瓶。

2010

1999

2021

香檳全球銷售量達到三億兩千七百萬瓶；歐盟以「妨礙自由競爭」為由，廢止了自 1919 年起導入的「以葡萄園分級決定葡萄收購價格」的制度。此後，香檳地區收購葡萄的價格不再像過去那樣，只依所屬的村莊（葡萄園）等級而訂出固定比例。

歷經全球新冠疫情肆虐後，香檳的全球產量在這一年達到三億兩千一百八十萬瓶，比受疫情嚴重影響的前一年增加了約三成，就連出口量都達到創紀錄的近一億八千萬瓶。

From Grapes to Sparkle

香檳誕生

如果閉上眼睛想像，一串串的葡萄竟然可以在幾年後變成酒杯裡的一串串珍珠，那震撼或許不亞於親眼目睹一場神奇的魔術。事實上，香檳從葡萄收成、釀製、調配、陳年的一連串過程，也確實像一場魔術。須從葡萄農到裝瓶工共同累積的無數力求完美，才終於化為從杯中喃喃發出細語、騰騰上升不墜的酒中珠玉。

收成之前
Before Harvest

香檳的葡萄園分級

　　對一個主要由十餘家酒廠占據約七成出口量的產業來說，搞清楚喜歡喝的是哪個牌子，或許對絕大多數人來說已經足夠。但是，其實香檳產區確實存在著如同布根地的葡萄園分級。

　　這些葡萄園的階級之分，雖然並不會寫在最頂級香檳的酒標上，但是在葡萄種植歷史悠久的香檳產區，確實自二十世紀初已經有所謂的葡萄園分級制度，並會依此決定收購葡萄時的價格高低。這項制度在二次大戰後由香檳葡萄酒生產同業委員會（CIVC）重整，並且在1945年針對

所屬產區	瑪恩河谷 Vallée de la Marne	白丘 Côte des Blancs	漢斯山區 Montagne de Reims
主要葡萄品種	黑皮諾 Pinot Noir 皮諾莫尼耶 Piont Meunier	夏多內 Chardonnay	黑皮諾 Pinot Noir 皮諾莫尼耶 Piont Meunier
特級葡萄園數	2	6	9
特級葡萄園名 與風味特色	Aÿ / 高貴豐滿	Avize / 豐厚結實	Ambonnay / 豐滿厚實
	Tours sur Marne / 輕柔多果 （黑葡萄為特級 / 白葡萄僅為一級）	Chouilly/ 平順多果 （白葡萄為特級 / 黑葡萄僅為一級）	Beaumont sur Vesle/ 柔順易飲
		Cramant / 華麗細膩	Bouzy / 強勁飽滿
		Le mesnil sur Oger/ 纖細銳利	Louvois/ 清冷細緻
		Oger/ 豐滿圓潤	Mailly Champagne/ 沈穩多酸
		Oiry/ 平順易飲	Puisieulx/ 柔潤圓軟
			Sillery / 細緻優雅
			Verzenay / 精緻堅實
			Verzy / 剛健率直

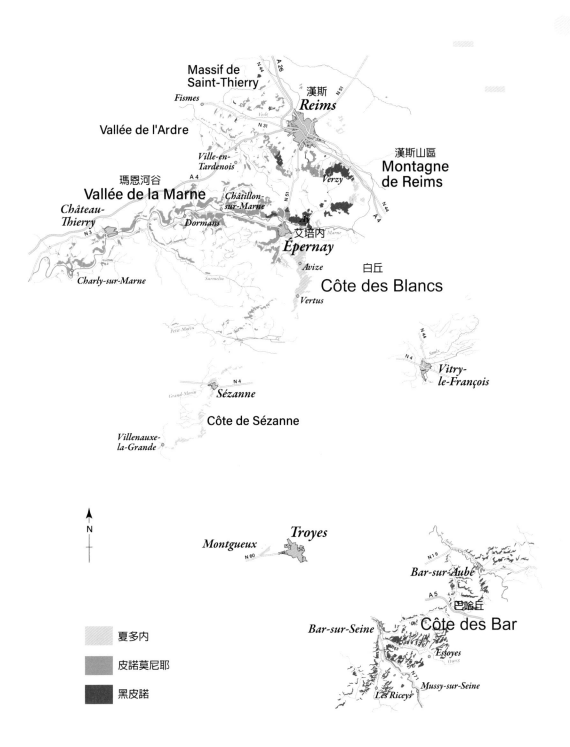

Massif de
Saint-Thierry

Fismes

漢斯
Reims

Vallée de l'Ardre

Ville-en-Tardenois

漢斯山區
Montagne
de Reims

瑪恩河谷
Vallée de la Marne

Châtillon-sur-Marne

Verzy

Château-Thierry

Dormans

艾培內
Épernay

Charly-sur-Marne

Avize

白丘
Côte des Blancs

Vertus

Sézanne

Vitry-le-François

Côte de Sézanne

Villenauxe-la-Grande

N

Montgueux

Troyes

Bar-sur-Aube

巴哈丘
Côte des Bar

Bar-sur-Seine

Essoyes

Mussy-sur-Seine

Les Riceys

夏多內

皮諾莫尼耶

黑皮諾

產區內各村莊（也稱作 Cru）葡萄園重新進行評等（即所謂的 echelle des crus）。只不過這些分級是以村莊為單位，各村莊的葡萄價差會依品質分成最低的 80％，一路到最高的 100％（最高品質的葡萄價格為 100％，其餘村莊的價格則分別為對應的百分比），不過這種明定的價差，卻在 1999 年被歐盟認定為有礙自由市場競爭而取消。

今天的香檳區，儘管葡萄已經不能因為所屬村莊的分級，而有明文規定的價差，但是品質較佳的特級和一級村莊，卻仍因為近地表處的白堊土壤和日照充足的特定坐向，而讓果實有較佳品質，連帶往往會以較高價格成交。使用單一特級村莊果實釀成的酒，一般也被認為更能表現出所屬村莊的風土特質。只是，由於多數香檳仍是混和不同村莊的果實釀成，加上所謂「特級」或「一級」的葡萄園分級，當初主要是用來區隔收購葡萄的價格（而不像其他產區，屬於有法可管的 AOC 分級）；而以村為單位的分級，事實上也難以詳盡區分出個別葡萄園的優劣。

因此，對多數消費者而言，倘若能理解，目前在香檳產區的 319 個村莊中，屬於 100％ 的特級村莊（Grand Cru）其實只有 17 個；屬於 90 ～ 99％ 的一級村莊（其餘則從 80 ～ 89％，等同於不列級）也只有 44 個——代表整體列級葡萄園在香檳產區仍是品質優異的相對少數（合計只占約三分之一），其實已經足夠。

例如許多名廠的頂級香檳，就經常以含有高比例的特級葡萄園果實作為號召；另一方面，只使用個別單一特級村莊果實釀成的香檳，則不僅是講求差異性的香檳市場新寵，還是能提供酒迷近身體驗個別村莊風土的趣味迷宮。

收成

Harvest

　　這可能是個令人難以置信的畫面，不過，在法國香檳產區釀製「香檳」用的每串葡萄，至今都還是必須以人手一串一串採收。

　　釀製香檳所使用的三種主要葡萄——夏多內（Chardonnay）、黑皮諾（Pinot Noir）與皮諾莫尼耶（Pinot Meunier），每年都會由葡萄酒生產同業委員會（CIVC）針對不同品種和葡萄園所在的村莊，訂出個別的開採時間，農家或酒廠才能依此決定實際收成的時間。訂定收成時間主要取決於果實的糖分和酸度是否足夠，以及兩者是否達到均衡而定，收成時間一般多在 9 月中，為期約 2 週；但是例如在熱浪來襲的 2003 年，香檳區就創下自 1822 年以來的紀錄，早在 8 月 18 日就開始當年收成。

　　在香檳區種植面積最少的夏多內（約占 28%），主要種植在艾培內（Épernay）以南的白丘（Côte des Blancs），不僅是唯一的白葡萄品種，同時還因為能提供柑橘類的花朵芳香、高雅酸度、複雜的礦物質風味，且兼有適合長期陳年等特徵，而成為價格通常最高、也備受珍視的葡萄品種。種植面積最廣的黑葡萄黑皮諾（約占 39%），則因為能提供構成酒體結構的飽滿果實風味，而成為香檳中的要角，其種植地區主要集中在漢斯（Reims）和艾培內之間的漢斯山區（Montagne de Reims）。

　　屬於黑皮諾變種之一的黑葡萄皮諾莫尼耶，主要種植在瑪恩（Marne）河岸兩旁的瑪恩河谷（Vallée de la Marne）。雖然地位偶爾遭到質疑，甚至在許多頂級香檳中

手工採收被視為香檳最高品質的必備關鍵之一。

夏多内葡萄

被完全除名,不過實際上,種植面積占比約 33%
的莫尼耶,仍是香檳區不可或缺的要角。圓順的
口感、豐潤的香氣、早熟的特質,讓莫尼耶不只
在無年分香檳中擔任維持穩定品質的中堅分子;
碰到像天候極端的 2003 年,莫尼耶甚至能在某些
年分香檳當起主角。

香檳區所堅持的手工收成,不只因為可以在
收成過程中先篩選葡萄,而避免受到黴菌感染或
成熟度欠佳的葡萄混入,因此被認為是維持品質
的必須條件;另一方面,由於葡萄收成後通常會
在數小時內被送到鄰近的榨汁廠儘速榨汁,因
此,在黑葡萄占比高達三分之二的情況下,手工
收成一方面更能維持葡萄完整,還能避免葡萄在
壓榨前就破皮流出汁液,所以也被視為香檳身為
高品質氣泡酒的必須。

只有三種?騙人!

除了主要的三個品種之外,香檳區事實上還允許使
用 Arbanne、Petit Meslier、Pinot Blanc(以上為白葡
萄品種),以及 Flomonteau(Pinot Gris)與 Enfume
等其他品種釀製香檳(Pinot Blanc 以外的品種皆是早
在十八世紀香檳中已存在的「古代」品種)。只是由
於現今種植面積實在太少,實際採取此種作法的也極
為罕見,因此一般在提到香檳所使用的品種時,仍只
採三種主要品種的說法;但近年來也有極少數小規模
生產者嘗試加入這些品種釀製,或推出以單一品種釀
成的特殊香檳。比方位於南部產區巴哈丘(Côte des
Bar)的 Moutard 酒廠,就罕見地推出混和六個品種
的酒款,以及單獨裝瓶的 Arbanne 品種香檳。此外,
隨著極端天候持續,能在氣溫較熱環境仍保有酸度的
Petit Meslier 品種,未來或許也會在香檳區占據更重
要的位置。

皮諾莫尼耶葡萄　　　　　　　　　　　　　　　　黑皮諾葡萄

不同品種的果汁顏色差。

壓榨
Press

　　採下的葡萄會從工人手上的小提籃轉往總量達 50 公斤的塑膠盒，接著陸續堆上貨車，儘速駛往附近的壓榨廠。由於釀製香檳會用到黑、白兩種葡萄，因此，為避免葡萄在壓榨前破裂，讓果汁產生不必要的生澀單寧或顏色，香檳用葡萄不但在榨汁方面須分秒必爭，還會連葡萄梗一起進行輕柔的整串壓榨（葡萄梗可讓果汁沿梗快速流出，避免染上果皮色澤）。多數大型香檳酒廠往往在不同區域設有數個壓榨所，小型的農家型酒廠則可能是自己擁有榨汁設備，或委託鄰近酒廠代為榨汁。葡萄到達壓榨廠後會先秤重、登記所屬葡萄園、含糖度等基本資料，一旦達到定量即可開始壓榨。

　　榨汁的器具一般分為兩大類，被稱為 coquard 的傳統垂直式木製壓榨槽，分成方型和圓形兩種，一次可以處理 4,000 公斤的葡萄。依照香檳協會的規定，每 4,000 公斤葡萄只能榨出總量 2,550 公升的果汁來釀製香檳，其中第一次先榨出的 2,050 公升稱為 cuvée，是糖分和酸度含量都高、香氣口感都有細膩表現、品質和陳年潛力都較佳的頂級香檳用料。接著以人工翻動葡萄後，會開始進行第二次壓榨，這次榨出的 500 公升被稱為 taille，雖然有充分的糖分和礦物質，但較欠缺酸度，更為苦澀，風味和陳年潛力也都不如 cuvée 細緻綿長。

　　新式氣壓式榨汁機一次可以處理的葡萄數量約是舊式的兩或三倍，過程中也無須人力翻攪葡萄，是許多規模更大酒廠的選擇。以酩悅香檳（Moët & Chandon）酒廠的新

榨汁廠來說，廠內十二臺氣壓式機器，每臺只要 3.5 小時就可以處理 1.2 萬公斤的葡萄，在繁忙的收成期間，榨汁廠裡每天處理的葡萄數量甚至高達 60 萬公斤。

　　雖然現榨的果汁會立即反映出不同葡萄的顏色（黑葡萄的果汁明顯帶有接近蘋果汁的暗紅色），不過在最終的調配當中，酒色的差異會因為釀酒過程而降低。在香檳產區，除了製造粉紅香檳所需的紅酒用黑葡萄會經過不同的除梗、破皮、浸泡等紅酒製程之外，其他所有收成都會立即榨汁。經過兩次壓榨後的葡萄渣滓稱為 le rebêche，這些剩餘物通常會被送到鎮上的蒸餾廠，作為酒渣白蘭地（marc）的原料。

左：從舊式壓榨機旁溢流的果汁。右：糖度計。

上：木桶。下：不鏽鋼發酵槽。

酒精發酵
Fermentation

　　榨出的葡萄汁，一般會先靜置約半天，讓果汁中的果皮等雜質沉澱，之後再將澄清的果汁運到釀酒廠，在現代化的溫控不鏽鋼酒槽（或傳統的橡木桶）開始進行第一次酒精發酵。講究的香檳酒廠，通常會將產自不同地區或不同品質的果汁分開發酵。儘管多數酒廠都是以不鏽鋼發酵槽作為第一次酒精發酵的容器，不過仍有少數酒廠選擇（將部分或所有酒液）在小型或大型的橡木桶內進行發酵。雖然香檳區酒廠用來進行酒精發酵的，多半是布根地或其他產區已經淘汰的舊木桶，但是經木桶發酵的酒液，仍可能有較飽滿濃厚的香氣、口感和單寧。讓酒能在發酵過程先和氧氣進行微量接觸的此種作法，也被認為可能強化陳年潛力。在不鏽鋼槽內發酵的酒款，一般除了有較多清澈水果風味外，口感也傾向細膩優雅。酒精發酵後，緊接著就是乳酸發酵，酒中尖銳的蘋果酸將在此過程轉為較柔順的乳酸，酸度會因此降低，且帶來些許複雜度。不過也有酒廠為了讓酒有更佳的陳年潛力，刻意抑制乳酸發酵，讓酒保持原本的清爽感覺和高酸度。

虛構的香檳之父？
唐培里儂修士
（1638～1715）

　　唐培里儂修士的雕像靜靜佇立在酩悅香檳（Moët & Chandon）的入口處，迎接來自世界不同角落的人來人往。對這位和太陽王路易十四同時代，終身謹守勤奮勞動、節儉樸實修道戒律，並辛勤地將一身奉獻給葡萄園和葡萄釀製的修士來說，如果目睹以他為名的香檳，竟然在今時今日要請時尚設計師卡爾・拉格斐（Karl Lagerfeld）和超級名模克勞蒂亞・雪佛（Claudia Schiffer），以攝影專輯營造奢華形象時，不知會做何感想。

　　也有可能，培里儂修士早就練就一身毀譽不聞的修養。畢竟，當多數重要史料毀於戰亂，甚至連一些法國人都要聲稱他的存在根本「無據可考」之際，靠著口耳相傳的軼事傳說，還能在數百年後讓眾人心中留下栩栩如

Dom Pierre Pérignon

生的印象，哪怕只是子虛烏有，都讓人油然生出欽佩。

　　事實上，除卻小部分可能被特別誇大的傳說，其餘關於修士的生平事蹟，看來就像任何史料那樣可信。據說這位修士是在秋天出生，家族世居在香檳區；十九歲進入修道院學習，於 1668 年抵達香檳區的 Hautvillers 修道院。當時香檳區正逢戰爭結束，百廢待舉，這位因為擔任財務主管才一頭栽進葡萄酒的修士（當時的修道院將葡萄酒視為重要財源），於是持續擔任修道院所屬酒窖的總管，直到人生最後一天。

　　在他抵達修道院之前，院方已經建有專屬的拱型酒窖，並且打算繼續好好經營這椿生意。據說當時 Hautvillers 的酒已經是香檳地區的「知名品

Dom Pierre Pérignon

牌」，還能賣到比其他酒款更高的價格。只不過當時香檳區的葡萄酒還不像現在這樣冒著泡泡，靠著自有的葡萄園和徵收來的葡萄汁釀酒的修道院，於是將眼光朝向產業發展的根本——提升基本品質。

據稱這位好學、聰明又相當積極的修士，不但實地走進葡萄園，還花了許多精力，從根源徹底地找出提升酒款品質的方式。不過直到這裡，他還是和氣泡無關，更正確地說，培里儂修士終其一生從來沒有想要「發明」有氣泡的香檳，反而是致力於除去酒中被視為「缺陷」的氣泡（當然，你知道那是在十七世紀）。

根據培里儂修士過世不久後所公布的準則，我們知道，深入葡萄園工作的他對當時的葡萄種植，訂出許多至今仍被奉為圭臬的品質規範：他認為必須用樹齡較老的老藤黑皮諾，才能釀出酒色較深濃的酒（強調使用黑皮諾葡萄的原因，一部分在於當時認為白葡萄釀的酒更容易產生氣泡——當然，我們知道修士的立場是不會允許修道院產出這種「劣質」產品）。在種植方面，要捨得剪枝，讓葡萄樹不要高過 1 公尺，並維持較低的產量。要在清晨氣溫最低時採收，以確保葡萄的完整和新鮮；榨汁廠離葡萄園愈近愈好，以保持果實和果汁的鮮度（當然，那是還沒有冰箱和

汽車的十七世紀）。倘若一定要使用牲畜運送葡萄，修士還很仔細地吩咐，性情溫順的騾子是最佳的選擇，其次是驢，最後才是暴躁的馬。

除此之外，把從栽培到釀造的各個步驟都深入研究的修士還發現，葡萄必須高效且快速地榨出果汁，並且把每次榨出的不同品質果汁分開處理；他甚至發現，篩選不同村莊、不同葡萄園的汁液進行混和，其實可以提高酒的品質。及至十八世紀初，他已經聲名遠播，不少外地人甚至以為「培里儂」是一個存在於地圖上的修道院或村莊名稱。雖然培里儂修士的目的是極力除去酒會冒泡的「缺陷」，但是他的經驗卻讓他成為對氣泡最有研究的酒窖總管，知道在哪種狀況下，葡萄酒會「不由自主」地冒出泡泡。

隨著有氣泡的葡萄酒在十八世紀初的法國和英國愈來愈受歡迎，「問題」葡萄酒衍生出的全新產業也在修士過世後不久，逐漸發展成型。在修士作古的兩百多年後，酩悅香檳以修士為名，推出當時第一款頂級香檳（Prestige Cuvée）「Dom Pérignon」，以 1921 年為第一個年分。從此，「Dom Pérignon」成為全球最著名的頂級香檳代名詞，至於培里儂修士塵封的勤勞樸質，則已是幾百年前無據可考、灰飛煙滅的過往。

調配

Blend

　　完成發酵後，還沒開始冒泡的「基酒」（數量可以從數十種到數百種，依酒廠規模及葡萄來源而定），通常會在隔年的3、4月間，由香檳酒廠的酒窖總管在品試之後，決定調配。由於產量最大的無年分香檳必須在天候狀況差異甚大的不同年分，仍維持酒廠的一貫風格和品質，因此，香檳地區素來有在收成良好的年分未雨綢繆的習慣。酒廠除了每年新收成的當年原酒之外，通常還保有數量龐大的陳年原酒，可以添加在無年分香檳，以維持一定品質。酒窖總管須根據當年的品質，決定陳年原酒的使用比例，做出無年分香檳的調配。在收成特別理想的好年分（各酒廠可能依主要品種而略有不同，過去平均每十年中只有約三個好年分，如今則因為全球氣候變遷而讓好年分愈來愈多），酒廠則會在無年分香檳之外，另外推出僅以當年酒液調製，足以表現年分性格的年分香檳。表現最佳的原酒，往往會被用來作為最頂級的單一或混調年分旗艦酒。

　　調配，是對最終香檳成品具有決定性影響的關鍵過程。能在尚未產生氣泡、酒款發展也未臻完全的階段預期未來發展的酒窖總管，則是深諳調配藝術的藝術家。

🍷瓶中二次發酵與酒窖陳年
Second Fermentation & Aging

　　當釀酒師藉由調配，完成香檳釀造前半部的藝術創作之後，接下來就換時間上場。確定調配後，不同的原酒會被置入大型酒槽混和，並加入二次發酵所需的酵母和糖分（此混和液稱為 liquer de tirage），接著被裝入最終的永久住所──香檳酒瓶，並且在酒瓶中完成二次發酵（亦即所謂「瓶中」二次發酵）。此時多數酒廠會以特製的金屬瓶塞暫時封口，不過，少數酒廠則認為金屬瓶塞出現之前所使用的軟木塞封瓶，反而能為酒帶來更多特殊風味（尤其是培養時間較長的酒），因此仍選擇以軟木塞封瓶，例如伯蘭爵（Bollinger）。

　　這些即將開始冒出泡泡的酒瓶，於是被置入香檳區深藏在石灰岩下、濕度約

80％、溫度約攝氏 10 ～ 12 度的地下酒窖，緩慢地開始第二次發酵。這段 6 ～ 8 週的二次發酵過程，不但會產生最終留在酒瓶中的氣泡，發酵每公升平均添加約 20 ～ 24 公克的蔗糖，還能讓原酒的酒精濃度增加 1.2 ～ 1.5％，並且讓瓶中產生約 5 ～ 6 大氣壓；但是對香檳風味影響最大的過程，卻是隨著發酵過程結束才開始。

當瓶中二次發酵結束後，完成使命的死酵母等物質會成為酒渣而沉澱在瓶中。由於這些物質會在酒中溶解生成特定的胺基酸，而隨著和酒渣在瓶中陳年的時間愈長，香檳也就愈能發展出較成熟的烘烤、乾果、奶油類香氣，同時帶來更圓熟豐潤的口感；有別於年輕香檳可能更偏向花果類芳香，以及酸度更鮮明的刺激口感。此一階段的瓶中陳年時間長短、採用的封瓶方式（透氧率多寡將影響酒的氧化速率），也被認為是調配以外對酒質影響甚鉅的重要關鍵。

依照香檳葡萄酒生產同業委員會的規定，所有無年分香檳必須經過至少 15 個月的瓶中陳年；年分香檳更要至少 3 年；實際上多數香檳酒廠的酒款陳年時間都遠超過法規的要求。某些頂級或旗艦香檳的酒窖陳年時間，甚至可以長達 8 至 10 年以上。正由於和酒渣的接觸時間會相當程度地影響香檳的風味和品質，因此，即便是產自同一個年分的同款香檳，也可能因為在瓶中和酒渣接觸時間的不同（不同的除渣時間）而發展出各異風味。

瓶中二次發酵的非香檳

按照香檳地區的規定，所有「香檳」都必須以瓶中二次發酵法釀成。但是在法國香檳產區以外的其他地區，為求高品質而使用同一種作法釀製而成的「氣泡酒」，卻只能在瓶身上標示如「traditional method」、「classic method」等表示傳統製法的字樣，以此表示該款氣泡酒所用的，是和香檳同樣的「傳統」瓶中二次發酵法。

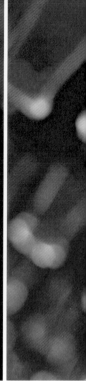

搖瓶
Riddling

　　到這個階段，香檳幾乎已經大概成形，剩下來的就是去蕪存菁、梳頭補粉且不可或缺的最終修飾；除非你想在喝香檳的時候，一邊還得搭配濾網去掉酒中的雜質。

　　完成二次發酵後，香檳酒瓶裡除了多出氣泡，同時還有完成任務的死酵母。為了除去酒中的這些沉澱物而開始的階段，正是所謂的「搖瓶」。搖瓶是將這些原本橫躺的酒瓶，插在可以讓酒瓶呈不同角度的直立木架（稱為pupitre），由熟練的工匠逐步轉動瓶身（一位熟練的專業搖瓶員，一天約能處理約四萬瓶香檳），讓瓶中的酒渣最終可以集中在特別設計的金屬瓶塞處。隨著搖瓶的進行，

左一：搖瓶架上的酒瓶。
左二：瓶中的酒渣沉澱。
右二：經過搖瓶之後沉積在瓶口的酒渣。
右一：機器搖瓶器。

酒瓶的傾斜角度會從初始的 45 度，逐漸至最終的 90 度。

　　這項過去完全以人工進行的作業，目前已經有很大一部分改以效率更佳的機器運作。可以無休運轉的機器，只需 1 週就能完成人工必須花上 8 至 12 週的工作。儘管搖瓶是以機器或手工進行，似乎並不會對酒質造成太多影響，但對許多香檳酒廠來說，不惜成本地針對頂級或旗艦香檳以人工搖瓶，仍然是打造香檳之為手工精品的重要條件。也有一些酒廠因為特殊的酒瓶形狀無法適用搖瓶機器，而必須全數採手工搖瓶；較大的特殊酒瓶尺寸（兩瓶裝或三瓶裝）也都因為同樣的理由，而必須採手工搖瓶。

傳奇香檳貴婦
凱歌夫人
（1777～1866）

在香檳的釀造歷史和技術改革的過程中，其實存在著許多目前已經難以追溯根源的傳說。關於搖瓶這項技術，有說法指稱是由對香檳甚有貢獻的凱歌香檳（Veuve Clicquot Ponsardin）酒廠的凱歌夫人和她的酒窖總管所共同發明。

如果生在今天，被稱為凱歌夫人的芭布一妮可‧彭莎登（Barbe-Nicole Ponsardin），肯定會是經常登上商業類雜誌封面的傑出女性 CEO──畢竟在那個女士們還隨身攜帶嗅鹽（當時的淑女須不時暈厥，然後以嗅鹽甦醒）的年代，這位「經營楷模」，不只所到之處都隨身帶著她的書桌（那是個筆電尚未被發明的年代）處理公務，在經營企業上，她更展現讓今天許多企業領導者都自嘆不如的創新和氣魄。

作為當時的「貴婦」，凱歌夫人的一生不算太好命。雖然出身香檳區上流家庭的銀行家，幼時肯定有優渥的物質生活，經過修道院學校的淑女教育後，她也順利找到門當戶對的婆家，並在二十三歲那年產下一女。和先生感情甚篤的她，甚至一反

Madame Cliquot

當時淑女的常態，除了津津有味地聽先生講述工作方面的所見所聞，還興致勃勃地一起探查繼承的葡萄園。至此，這都還是典型的貴婦生活。孰料，二十八歲那年，人生中的逆境毫無預警地來敲門。當時才而立之年的丈夫突然一病不起，短短兩個星期，貴婦就成了寡婦。

　　以往的故事，至此已該畫上句點，儘管是孤女寡母，收了公司應該也還能維持生計。只不過這位貴婦並不這麼想，雖然沒有受過任何商業管理訓練，但是身為熟知各種商業活動的銀行家之女，這位曾經不顧母親的勸告，把「孫子兵法」這類貴婦禁書拿來熟讀的她，毅然決定接下先生的棒子。原本已經對老客戶發出停業通知的公公，甚至要在得知消息後，趕忙著重新發出道歉和更正信函。

Madame Cliquot

　　今天來到凱歌香檳的訪客，仍然能在沙龍看到曾隨夫人到處征戰的那張移動書桌。然而，夫人替酒廠留下的，不只如此而已。在酒廠的書庫裡，保存著從 1772 至 1950 年公司的所有相關資料和往來書信。出貨、收成、葡萄園品質、選用的供應商等各種紀錄，都安然地停在褪色的紙張；貴婦的性格依舊得以生動鮮明地躍然紙上。根據這些紀錄顯示，凱歌夫人接下酒廠後，不只孜孜不倦地力求深入理解每個她曾一無所知的小細節，還在對品質要求極其嚴格的同時，在威嚴中透出幽默慧黠。比如當時夫人為了替香檳挑選耐用的酒瓶，不但親自造訪生產酒瓶的玻璃工廠，甚至在比較不同工匠的製作品質後，指名必須是某位特定工匠所生產的酒瓶。當送來的酒瓶中出現品質不佳的，她更是立即嚴詞去信抱怨：「除非那位工匠在一個月內完全忘了一身所學，否則這應該不是他所生產的酒瓶。」

　　1814 年，當巴黎被敵軍占領、香檳區居民也被迫疏散的當口，這位膽大心細的貴婦不顧危急的國際情勢，仍然冒險安排香檳出貨至俄國。結果證明，聖彼得堡雖然不歡迎法國的拿破崙，但卻大大喜愛這些法國香檳。當其他競爭對手還在擔心戰事，凱歌香檳早已率先其他酒廠出口俄國，讓三萬五千瓶香檳在聖彼得堡的貴族名流間供不

應求。接著打鐵趁熱地陸續出貨，更讓俄國在往後的二十五年，都是凱歌香檳的最大客戶。

也正因為酒款太受歡迎，夫人甚至因為供貨不及而相當頭痛，當她對酒窖總管提出能否更快產出香檳的要求遭拒之後，她才發現，問題的癥結原來在於耗時的除渣過程。原來，當時的香檳除渣必須先把酒中的沉澱物搖聚到瓶口，然後打開香檳，經由「換瓶」把酒倒入另一個空瓶，才能除去酒渣，在此同時，緩慢費時的換瓶過程也讓香檳冒著失去氣泡和遭遇氧化的風險。

在一夜無眠的某個凌晨，被這個問題困擾的夫人突然靈機一動，隔天一大早，被叫到酒窖的木匠驚訝地對著眼前可以容納十八人的核桃木餐桌，不敢相信貴婦的指令，竟然是要他在這美麗的餐桌上鑿出一個個可以容下酒瓶的洞！經過酒窖工作團隊的改良，凱歌香檳在貴婦的發想下於1816年研發出今天廣為使用的搖瓶方式，那美麗的餐桌於是成為今天由兩塊木板組成的倒 V 字型搖瓶架的最早雛形。

享壽八十九歲的香檳貴婦波濤洶湧的一生，如今不只在凱歌香檳為紀念她的「La Grande Dame」頂級香檳燦爛的氣泡裡，供人懷想，這位香檳貴婦威嚴中帶有慈愛的面容，讓今人也彷彿能從中獲得智慧和勇氣。

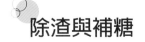

除渣與補糖
Dégorgement & Dosage

　　接下來，工匠們就會將好不容易集結在瓶口的酒渣從酒中分離去除。這個過去同樣必須以人工進行的手續，目前則多半以機器代替；不過，一些特殊的大瓶裝或少數無法適用機器的特殊瓶口形狀，則仍以手工進行，因此在當地仍偶能得見這項巧技。進行手工除渣時，必須將呈倒立的酒瓶快速地以開瓶器或小刀撬起酒塞，同時迅速地讓瓶身恢復直立，酒渣將因瓶中壓力而噴出，之後則視需求補充酒液。

　　以機器進行的除渣，則通常會一次完成除渣和補糖兩個動作。搖瓶後呈倒立的香檳酒瓶，瓶口部分會先經過攝氏零下 20 ～ 30 度的溶液，讓酒渣集中的瓶口 3 至 4 公分結凍，接著將酒瓶轉正直立，由機器自動開瓶，結凍於瓶口的酒渣會在壓力下噴出，接著加入由陳年酒液和糖分製成的混和液（香檳釀製過程中第二次添加的酒液，稱為 liqueur d'expédition），一方面補滿先前因為除渣失去的液量，同時也透過這個過程調整香檳的最終口感。

　　多數香檳會在補糖的過程添加或多或少的糖分（同時加入同款原酒或陳年酒液），以符合最終的口感類型需求；也有少數口感完全不甜的香檳選擇不添加任何糖分，讓酒保持更清

上：金屬瓶蓋上黏有的塑膠直筒，能
　　讓酒渣集中，並盡量減少不必要
　　的酒液流出。
左：機器除渣、補糖。

爽活潑的口感。

　　如今多數透過生產線由機器完成的除渣、補糖動作，
只要三、兩下就能完成，酒瓶接著被打入最終的軟木塞，
扣上金屬瓶蓋，最後再由機器手臂將酒瓶上下搖晃幾下（以
均勻混合先前添加的液體）之後，一瓶香檳至此終於大功
告成。最後只須貼標、裝箱，靜置一段時間，讓最終的酒
液融合、喘氣歇息後，就可以遠征全球，在世界各個不同
角落點亮歡樂和幸福。

世界香檳猜謎王
理查・卓林

（1962～）

他是全世界最會猜香檳的人，也是全世界品嘗過最多
香檳的紀錄保持者（自 1998 年至今已超過一萬三千種香

Richard Juhlin

檳，數量還在持續增加中）；他對香檳酒業的影響力一如羅伯‧派克（Robert Parker）之於波爾多葡萄酒，如果全世界只能有一位香檳專家，那不會是別人，只能是理查‧卓林。

除了一共九本關於香檳的著作，他還曾獲得「年度國際香檳作家獎」、「全球最佳法國葡萄酒書」等獎項，2021 年的新作《Champagne Magnum Opus》，還讓他在巴黎國際世界美食週獲得年度傑出葡萄酒書作者。而他最為人津津樂道的事蹟，是 2003 年以驚人的品酒功力，在巴黎的 Spectacle du Monde 品飲會上，盲品了五十款年分與頂級香檳後，正確無誤地命中其中四十三瓶的來歷和年分；就連沒有完全答對的那七瓶，也至少命中了年分或酒廠，留下一屋子世界級品酒專家嘖嘖稱奇。但是，在這場華麗的演出之前，他早在 1995 年就努力不懈地出版香檳專書，詳細記載品嘗過的上萬種香檳。

品飲能力和記憶力堪稱天賦異稟的酒界天才，兒時卻不是個太受歡迎的孩子。雖然至今他還清楚地記得，八歲那年在家中新年派對上，喝到生平第一口香檳時，那款帶有甜味的無年分成熟「Veuve Clicquot Sec」是如何地讓他陶醉。但是，異常靈敏的感官，卻也讓他同時對冰箱裡開了幾天的盒裝牛奶敬謝不敏，經常發現「有問題」的食物，更讓不少大人以為其實他才是問題的根本。

隨著年齡漸長，他發現自己「過於敏銳」的嗅覺，以及對氣味所具備的圖像般精確記憶，原來能在品酒領域成

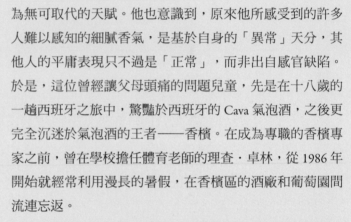

Richard Juhlin

為無可取代的天賦。他也意識到，原來他所感受到的許多人難以感知的細膩香氣，是基於自身的「異常」天分，其他人的平庸表現只不過是「正常」，而非出自感官缺陷。於是，這位曾經讓父母頭痛的問題兒童，先是在十八歲的一趟西班牙之旅中，驚豔於西班牙的 Cava 氣泡酒，之後更完全沉迷於氣泡酒的王者——香檳。在成為專職的香檳專家之前，曾在學校擔任體育老師的理查·卓林，從 1986 年開始就經常利用漫長的暑假，在香檳區的酒廠和葡萄園間流連忘返。

如今的他，雖然還是會在長途飛行的航班上，因為坐在他身後六排遠散發的牙齦發炎氣味而坐立難安，但是當他面對一款香檳時，對氣味的反射性記憶往往能讓他對一款酒的身世做出初步的判斷。接著，就像一位偵探以證據排除嫌犯的推理過程：酒所散發的香氣、品嘗起來的口感，更將他引往記憶中的某個香檳生產村莊，篩選出某種釀製方法，當所有的資訊和腦中的資料庫一經比對之後，通常就能完美認出眼前那款到底是近五千家香檳酒廠中的哪一家？又是在哪一年所釀出的哪種香檳？甚至，當感覺對的時候，1999 和 2000 年的「Cristal」的差異，對他來說只須直覺就能分辨。他甚至曾略帶羞愧地表示，要記得一位曾經謀面的人的長相和名字，遠比記得一款曾經遇過的葡萄酒要來得困難。

這位目前活躍於著書、講課，甚至參與電視節目的瑞典籍世界香檳專家認為，他也像任何領域的成功人士那樣，

是靠著天分、熱情和辛勤的努力工作才擁有今日的成就。
比方他對市面上香檳杯的不盡滿意，就促使他在經過研究、
比較和無數品飲之後，研發出屬於個人品牌的香檳酒杯。
有感於大眾接觸香檳的管道不足，則讓他開始經營自己的
香檳酒吧。這位如今已經無須向任何人證明自己能力的香
檳專家，卻仍然持續不斷地品嘗香檳、想讓自己日日精進。

　　喝它，用所有感官感受、和有志一同的朋友討論，是
這位世界香檳第一人，對香檳表達愛意的方式。

Decoding Champagne

解密香檳

香檳中的氣泡究竟由何而生？爲何香檳
瓶有如此多種瓶身尺寸？而且，香檳瓶
身酒標除了酒廠、年分、產地村莊或葡
萄酒原名稱之外，竟然還有以最小字體
標示的通關密語！

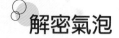

解密氣泡
Decoding Bubbles

　　氣泡酒的偶然誕生，在幾百年前其實是充滿難解的謎題。幾百年後，科學家們好不容易透過各種先進的設備儀器，發現了更多關於這些「二氧化碳」的真相。原來，要讓這些氣泡是生是死，可是有好些關鍵掌握在我們手中！

氣泡的誕生

　　大家可能都已經知道，香檳所含的氣泡是將發酵中的產物——二氧化碳——刻意透過瓶中二次發酵保留在瓶中所得。於是，在一瓶香檳被打開之前，存在於瓶中的二氧化碳有一部分是融於酒液當中（每公升約 12 公克），還有一部分是以氣體的形態存在於軟木塞和酒液之間的縫隙（約為 6 大氣壓），且兩者處於某種平衡。而一旦香檳開瓶，密閉酒瓶的均衡狀態就會遭到破壞，此時酒液會因為含有過多的二氧化碳而陷入過度飽和，於是，被注入容器的香檳將透過兩種方式釋出其中過多的二氧化碳。根據科學家們的實驗得知，有八成的二氧化碳，會從液體的表面直接釋放，低喃出香檳獨有的窸窣樂音；其餘約兩成，則會在酒中以氣泡釋出，構成我們所見的，一串串從杯中升起的珍珠。

　　慶功宴或特殊場合經常見到，猛力搖晃香檳酒瓶後，會在開瓶瞬間釋放出大量氣泡，這是因為原本存在於軟木塞和酒液之間的二氧化碳氣體，在搖晃的過程被混入酒液

當中，一旦打開瓶塞，不但因為原本混入二氧化碳而產生的微小氣泡上升到液面，還因為瓶中氣壓的改變，讓氣泡膨脹占滿酒瓶，被擠壓的酒液於是就帶著大量氣泡一起狂奔出來。

更令人訝異的是，科學家們甚至算出要讓一杯容量約 100 毫升的香檳恢復液體中的二氧化碳均衡，則必須釋出約 700 毫升的二氧化碳，如果將氣體體積換算成氣泡數量的話，這可是近半數臺灣人口的一千一百萬個氣泡；即便只是一杯倒出來擺在桌上的香檳，扣除經由液體表面釋放的八成二氧化碳，杯子裡都還要生出近二百萬個氣泡才會停歇。這也是為什麼，杯形細長、更容易觀察氣泡升起的笛型香檳杯（flute）在今日蔚為主流，因為相較於二十世紀初流行的淺碟闊口型香檳杯（coupe），細長的笛形酒杯不但有可以減緩二氧化碳從表面流失的窄小杯口，細長的形狀同時也有助於保持氣泡，以及減緩溫度下降的速度。

誰殺了氣泡

另一方面，為什麼用清潔劑洗得太乾淨的酒杯，反而會讓香檳不容易生出氣泡呢？原來透過科學家的研究發現，溶解於香檳的二氧化碳要成為一串往上延伸的珠串，還須經過漫長的努力過程和貴人相助。首先，二氧化碳的氣體分

二十世紀初流行的淺碟闊口型香檳杯。

子須擠開旁邊聚集的液體分子，並藉由容器中原有大小適中的氣袋（air pocket），才能像乘坐噴射機般一路扶搖直上。於是，玻璃杯壁上殘留許多肉眼看不見的雜質，或者擦拭玻璃杯過程中所留下來的纖維，就剛好是中空、呈圓柱狀又有適當大小（只需約 0.2 微米）的氣袋候選人。多虧了這些雜質，才讓溶解於液體中的大量二氧化碳分子可以鑽進氣袋，長成一個個肉眼可見的氣泡，等到溶解於液體中的二氧化碳都釋放完畢之後，就不會再有氣泡產生。

經常一邊喝香檳一邊吃著油膩食物的人可能會發現另一個有礙「觀瞻」的現象，那就是原本上升後會聚集在液體表面的一顆顆氣泡，會因為口紅、洋芋片或花生等任何含有脂肪的物質，在上升至表面後迅速破裂。這是因為香檳所含的蛋白質受到脂肪在液面擴散的影響，因此縮短了原本能維持更久的氣泡壽命。

另一個經常被專家用來評斷香檳品質高下的氣泡大小（愈細密、愈小愈好），也經科學研究發現其實和香檳的年紀更有關係。原來，常出現更細密氣泡的其實多半是年齡較長的香檳；關鍵在於，軟木塞其實無法完全阻隔空氣，因此當香檳在酒窖經過愈長熟成期，會使得瓶中殘留的二氧化碳愈少，於是在開瓶時溶解於酒液的二氧化碳當然也比年輕香檳更少，這才產生了尺寸更小的綿密氣泡。另一方面，香檳的氣泡已經被證實有助於釋放酒香，因此，下次面對一杯冒著泡泡的香檳時，其實只要把鼻尖湊近，不用猛力晃杯，就能感受酒中散發的芬馥香氣。

杯形細長、更容易觀察氣泡升起的笛型香檳杯（flute）。

解密酒標
Decoding Label

　　香檳酒標，一如其他葡萄酒標都會標示出品牌、年分（若屬於單一年分香檳）、生產者名和產區、葡萄園名等等。但是，香檳酒標往往會以隱晦的最小字體標示「業種」資訊，儘管對多數以品牌選購香檳的消費者來說可能無關緊要，但是在想要深入認識風土差異的香檳酒迷們眼中，卻可能是酒標上關鍵的通關密語。

重要的小字

　　由於在香檳產區，雖然高達九成的葡萄園掌握在負責種植葡萄的約一萬五千戶農家手中，但實際上釀製且負責生產銷售香檳的，多數仍是國際知名的龐大酒商集團。因此，絕大多數的香檳品牌（或酒廠）都須從葡萄農購買葡萄（或甚至成酒）原料；少數小規模的農家生產者，則可以只用自家生產的葡萄供應自家生產所需，或選擇將部分或全部的葡萄賣給合作社或大廠來生產香檳。由於葡萄原料的來源和品質息息相關，因此酒標上列出不同業種（葡萄來源）的標記，也被視為判斷酒款品質的要因之一。以國內進口的多數酒款而言，較常見的仍為 NM、RM、CM 的任一範疇，餘者則相對罕見。

NM Négociant-Manipulant	購買原料的生產者，儘管可能擁有部分自有葡萄園，但整體來說，仍是必須仰賴向農家收購葡萄以生產香檳的酒廠。旗下擁有知名品牌、專注於生產（而非種植）的多數中、大型酒廠均屬此類，現存近三百家。
RM Récoltant-Manipulant	生產者香檳，主要以自家栽種的葡萄為原料，多數為規模較小的農家。由於能完全掌控原料，多數可能只用酒廠所在或鄰近村莊的葡萄釀製，可能帶有更多風土特性（自行生產原料釀酒的 RM 和合作社 RC 的數目合計約四千多家）。
CM Coopérative de Manipulation	合作社酒廠，現有約六十餘家。
RC Récoltant-Coopérateur	葡萄農合作社。
MA Marque d'Acheteur	生產者接受餐廳飯店或通路商委託所推出的客製品牌香檳。
SR Société de Récoltant	葡萄農合資的釀酒公司。

BRUT MILLÉSIMÉ

DEPUIS **1812** SINCE

Laurent-Perrier

CHAMPAGNE

750 ml

ÉLABORÉ PAR LAURENT-PERRIER · TOURS-SUR-MARNE · FRANCE
BRUT · PRODUCE OF FRANCE · NM-235-001

12% Vol.

CHAMPAGNE

Brut   1997

S

SALON

BLANC de BLANCS

Le Mesnil

PRODUCE OF FRANCE

750 ml

ÉLABORÉ PAR A.S. LE MESNIL À OGER · FRANCE
NM-306-001 · CONTAINS SULPHITES

12% vol.

CHAMPAGNE

Product of France

Pascal **Doquet**

Récoltant - Manipulant

GRAND CRU
LE MESNIL SUR OGER

BRUT

Alc. 12,5% by vol.   Blanc de Blancs   **750ml**

ÉLABORÉ PAR PASCAL DOQUET, À VERTUS, FRANCE · SR 25540-03

BRUT   BRUT

CHAMPAGNE

2004

Diebolt-Vallois

à CRAMANT

BLANC
DE BLANCS

750 ml

Alc. 12,5% by Vol.

NM-608-001

酒標識讀

① 須標示粗體香檳 Champagne 字樣以驗明正身。

② 香檳品牌。

③ 依殘糖量而訂出的口感類型，如 brut、demi-sec 等。

④ 酒精濃度。

⑤ 內容量。

⑥ 生產者姓名或公司名稱，以及公司或生產者所登記的所在地和國家（當然只能是法國）。

⑦ 由香檳地區葡萄酒生產同業委員會（CIVC）發給的生產者類型屬性縮寫及編號。

⑧ 所屬年分（無年分香檳則無須標示）。

⑨ 所屬類型，如白中白、黑中白、粉紅香檳等。

解密容量
Decoding Size

多大的瓶子

　　可能是因為香檳的獨特性質和用途：婚禮、大型宴會，甚或偶爾須滿足裝滿一個游泳池之類的奢華需求，讓香檳成為少數擁有各種不同容量裝的葡萄酒。事實上，儘管香檳規定必須在瓶中二次發酵以保留氣泡，以及隨後的搖瓶、除渣等製程既特殊又繁複，但是在香檳產區的 AOC 法規之下，從半瓶裝的 Demi 到四瓶裝的 Jéroboam，其「瓶中二次發酵」都必須在最終售出的酒瓶中進行。其他更罕見

的容量瓶裝，則可以用上述容量在加壓酒槽內分裝而成；
這些容量較大的罕見尺寸，還會因為複雜的處理工序和稀
有性，而在價格上高於等量的標準瓶。一般而言，兩瓶裝
的香檳也像其他類型葡萄酒，被認為具有優於標準瓶的陳
年潛力。有趣的是，Mathusalem、Salmanazar、Balthazar、
Nabuchodonosor 等取自聖經人物名稱的大瓶裝，用的恰好
都是性好享樂的國王或王子，只不過，想要從重達約 38 公
斤的二十四瓶裝 Nabuchodonosor 享受流洩的氣泡，可能必
須先練好體力！

名稱	容量	瓶裝
Quart (Piccolo)	188 ml	1/4 瓶
Demi	375 ml	1/2 瓶
Bouteille	750 ml	1 瓶
Magnum	1,500 ml	2 瓶
Jéroboam	3,000 ml	4 瓶
Réhoboam	4,500ml	6 瓶
Mathusalem	6,000 ml	8 瓶
Salmanazar	9,000 ml	12 瓶
Balthazar	12,000 ml	16 瓶
Nabuchodonosor	15,000 ml	20 瓶
Salomon	18,000 ml	24 瓶

The
Right
One

選 對 香 檳

「怎麼辦,結婚紀念日那天我想買一瓶香檳
來喝,可是不知道怎麼挑耶……」或許不只
是我已婚友人會在賣場想著這道問題,許多
人心裡可能都曾有過。

選對或選錯一瓶香檳,其實往往關係著某個
特殊時刻,某個可能變成人生無可取代的時
光。而一瓶香檳的選擇,因此而事關重大了
起來。

購買準則
Rules of Choosing

　　對多數人來說，不屬於日常的香檳，除了必須背負飲者對浪漫、美味、奢華等種種期待之外，一瓶動輒數千（甚或上萬）元的香檳，當然最好還要物有所值！只是，主觀期待和客觀價值不一定都能剛好巧妙對上，此時，先檢視自己的口感喜好或需求，再依預算來挑選，肯定能少掉一些牛頭不對馬嘴的失望經驗。倘若只想要及時和眾人歡樂派對，大費周章地挑選一些陳年才會更美味的頂級年分香檳，比較像是奢侈的多餘；反之，如果你正考慮建立自己的香檳收藏，或者對同一款無年分香檳的天差地遠表現感到詫異，那麼深入香檳的儲存和陳年，可能正是通往香檳

未知美味和驚奇世界的另一場奇妙旅程。

　　作為葡萄酒的一種，香檳也和其他任何葡萄酒一樣具有「生命」，根據本身品質的差異，而具備不同的陳年潛力，並且可能在不同時間點，表現出或年輕、或熟成的不同風味。此外，不同於其他葡萄酒的釀造過程，以及含有二氧化碳的特殊體質，也讓香檳的陳年受更多其他因素影響。諸如香檳在瓶中二次發酵之後持續和酒渣培養的時間長短，或是在成熟狀況不同的各異時間點，進行除渣而接觸空氣所造成的影響，甚至只是單純的短期儲存環境的溫、濕度差異，都能讓同一批的同款香檳有截然不同表現。

　　簡而言之，香檳可能是最嬌貴、對儲存環境特別敏感的葡萄酒。而最美好的香檳風味，往往是在細心對待和照料下才能有的回報。因此，一般消費者在購買香檳時，除了留心所有購買葡萄酒的準則，選擇信譽良好、貨流暢通、儲存環境完善的店家購買等基本要件之外，當香檳未知的「過去」愈長，遭受不當處理或身處不當環境的危險性，相對也較高。因此，多數進口商都會避開炎熱的夏季，選在氣候變化相對溫和、兼為銷售旺季的冬天來臨之前讓香檳到貨。倘若有購買老年分香檳的需求，更要慎選對貨源有較好掌握且精於此道的專業進口商。

如何挑選
How to Choose

　　雖然整個香檳區的葡萄種植面積只有約 1.2 個臺北市的大小，但是三種葡萄、兩種顏色，再加上各異的甜度，就能在近三百家酒商和近五千位生產者手上，組合出風味

變化萬千的小宇宙。想要在眾多香檳裡，挑出符合自己當下口感需求的一瓶，難度幾乎可比擬在短短幾分鐘的盲目約會中，揀選出生涯伴侶。

1 配對方式
價格決定一切

　　看似專制高壓，卻是簡單解決複雜問題的最有效方式。所以，如果先設定預算，選擇往往就能縮限到容易取捨的範圍。一般而言，被視為基本款的普通無年分香檳通常能在兩、三千元以內，更上一層的年分香檳多在三、五千元之譜，金字塔頂端的頂級香檳，價格則動輒在五千元，甚至萬元以上。除了粉紅香檳通常因為作法繁複、數量較稀少而會有比同級酒款略高的售價之外，也有少數作法獨特的品牌會以鶴立雞群的高價凸顯身價。

$ 無年分香檳／NV

　　酒瓶不標示特定年分的無年分香檳（Non Vintage，NV），通常是每家香檳酒廠產量最大、最能代表酒廠風格，也要求最高調配技術的作品。香檳地區因為地勢偏北，在全球暖化的風潮來襲之前，葡萄往往很難每年都達到足夠成熟度，因此才想出在收成狀況各異的年分，以混和不同年分酒液維持一定水準的作法。

　　這類歷史最悠久的香檳，會在主要收成年分之外，混和一定比例的陳年酒液（通常在 5 ～ 25％ 之間），讓酒在每年都維持一定的風味。由於已經用調配抵銷年分的影響，因此不同酒廠的口感差異，主要來自依據既定風格所決定的混和葡萄品種比例（夏多內比例愈高，通常風味愈淡雅

細膩；黑皮諾比例愈高，則較厚重濃郁。一般而言，白葡萄通常占比約三分之一，黑葡萄三分之二），以及使用葡萄的品質等級。

例如有些強調葡萄均來自一級（Premier Cru）或特級（Grand Cru）葡萄園的無年分香檳，價格就可能略高於其他同類。此外，調配時所加入的陳年原酒比例高低、原酒的陳年方式，也會和酒廠的釀製方式與瓶中陳年時間等因素，構成不同酒廠間的風格和價格差異。

一般無年分香檳必須在酒窖中經過至少 15 個月的瓶中陳年（1997 年之前的法規為至少 12 個月）；但也有些酒廠選擇將無年分香檳比照年分香檳，陳放至少 3 年（或更久），而這類酒在最終的品質和價格上，也會和普通無年分香檳產生明顯差異。目前市面上常見的無年分香檳，價格約在兩至三千元之間（特定陳年時間較長、風味也更厚重濃郁的品牌則有可能更高）。

$ $ 年分香檳 / Vintage

瓶身標示出單一特定年分的年分香檳（Vintage），多是在收成較好的年分才推出。單獨以該年收成為原料，同時必須經過較長的瓶中熟成時間（至少必須陳放 3 年，也有酒廠實際陳年更久）才能推出。

根據香檳產區法規，年分香檳的產量至多只能占當年產量的八成（剩餘的兩成收成必須保留作為該年原酒的儲分）。有些年分香檳甚

至在葡萄用料上也更講究（採用等級較高的一級或特級葡萄園果實），或是以某特定葡萄園果實釀成，實質上已經屬於酒廠最頂級的旗艦酒款。這些精選用料且經過較長酒窖陳年（多數在 4 至 6 年），而產量只占整體產量約一至兩成的酒款，通常價格和風味也都優於無年分香檳，甚至常被酒評家認為是各類型中最為「物有所值」的香檳。

目前市面上一般（非頂級旗艦酒）年分香檳的價格，約從三至五、六千元不等。頂級的旗艦年分酒款，價格則可能從五、六千到萬元以上。不同的年分評價，也可能造成價格差異（例如同酒廠的同款香檳，天候狀況較佳的 2000 年價格就可能高過相對艱困的 2003 年）。不過，陳年潛力通常更長的年分香檳，雖然在酒廠推出上市時已經適合飲用，但也有人認為這類酒款最好耐心等候酒齡達十

數年或數十年（陳年潛力視酒款、年分各有不同），經充分成熟後才能欣賞到最佳表現。

$ $ $ 頂級旗艦香檳 / Prestige Cuvée

選用最頂級葡萄，並只用風味最飽滿的第一榨果汁為原料製成的頂級香檳（多數為單一年分，但也有例外），往往是香檳酒廠用來炫技的旗艦酒。這些香檳或許是葡萄果實只精選自某單一葡萄園、釀製過程牽涉許多耗時耗力的手工作業（如手工搖瓶），並且須經過更長期酒窖陳年（通常 5 年以上，例如若目前上市的普通年分香檳為 2002 或 2003 年分，頂級香檳可能才推出 1998 或 2000 年分）等等。

因此，不論是單一年分或混合數個年分，通常都有最貴的身價（也常伴隨最奢華的酒瓶和包裝）。例如，知名品牌皮耶爵（Perrier-Jouët）的「Belle Époque」，以及泰廷爵（Taittinger）的「Comtes De Champagne」等，動輒都有數千元至萬元以上的身價，不同年分也會因產量和供需而有價差。

這些象徵香檳工藝頂峰的頂級香檳，除了會是各類香檳中氣泡最優雅、細膩；風味最複雜、濃郁；口感最豐富、多層；餘韻最綿密、悠長之外；也會是陳年潛力最突出的香檳，適合經過一定陳年期後飲用，才較能讓酒完全發揮潛力。多數頂級香檳都能輕易享壽十年以上，保存得當的頂級香檳，甚至能在沉睡數十年或更久後，還有令人咋舌的表現。在乾果、奶油糖之外，還綻放菇蕈、落葉，甚至表現宛如雪莉酒風味的陳年香檳，以年輕香檳難以企及的成熟韻味，俘虜沉迷其中的飲者。

2 配對方式
黑白 VS. 粉紅

只要是香檳，這些帶著氣泡的液體就只能是和「白」酒一樣的顏色或粉紅色。不過實際上，在從淡黃到粉紅的香檳色譜上，香檳還能依照三種葡萄品種對應出所謂的白中白（Blanc de Blancs）、黑中白（Blanc de Noirs）和粉紅（Rosé）共三種。

白中白（只用白葡萄）和黑中白（只用黑葡萄），雖然使用的葡萄本身色澤不同，但因為釀製過程只輕柔地壓榨出果汁，而沒有和色澤來源的果皮有太多接觸，加上殘留的極少數色素多半也在釀造過程去除，因此雖然用的葡萄色澤大不相同，但最終的酒色卻沒有太大差異，反倒是口感能有更分明的不同。

另一方面，儘管歐盟禁止任何以混和紅酒與白酒的方式製作粉紅酒，但香檳產區卻是唯一的例外。多數粉紅香檳都是用紅酒混和白酒製成基酒後，再經瓶中二次發酵產生氣泡，只有極少數生產者選擇用黑葡萄先泡皮浸出顏色做出粉紅酒後，再經二次發酵成粉紅香檳。不管哪一種製法，在整體香檳產量比例仍相對低的粉紅香檳，通常也都是較同級酒款價格略高的稀有品。

白中白 Blanc de Blancs	只使用白葡萄品種釀成的「白」酒，酒色和一般白酒一樣，呈淡黃或金黃色，稱為「白中白」，風味口感多半較纖細高雅、酸度鮮明。
黑中白 Blanc de Noirs	以黑葡萄釀成的「白」酒，如果仔細觀察，此類「黑中白」的香檳酒色，可能比白中白或一般香檳稍濃，或帶有較明顯的黃色調，口感較飽滿厚實，具有結構。
粉紅香檳 Rosé	多數以白酒調配紅酒製成，只有極少數是以黑葡萄先做出粉紅酒後釀製。口感可以是帶有明顯水果風味的輕巧迷人，或者更接近紅酒的飽滿結實。

3 配對方式
甜不甜 VS. 很不甜

　　香檳酒標常見的「Brut」字樣，代表這瓶香檳喝起來不帶甜味。儘管如今的香檳產量中，約有九成以上都屬於這類「不甜」香檳。但是實際上，透過香檳製程最後的一道補糖，酒廠可以添加分量不同的糖分調整香檳的味道，以符合不同市場和味蕾的需求。

　　比方在香檳極受歡迎的十九世紀，當時許多歐洲皇室貴族最喜歡喝的，其實是比今天的甜味香檳（Doux）還要甜上好幾倍的「超濃甜」香檳。隨著時代和消費者的喜好變遷，今天有愈來愈多追求差異性的酒款選擇在補糖階段完全不添加任何糖分。這些被稱作 Brut 100％、Ultra Brut、Brut Zéro、Brut Sauvage 的不加糖酒款，口感也可能比添糖香檳更銳利、凜冽（但並非絕對）。

　　即便同樣標示為 Brut，不同酒廠或不同年分所添加的糖度，也會因為酒款風格型態和年分而略有差異。因此，這些關於糖分的標示，只能作為判斷口感的指標之一。酒廠所選擇的補糖標準，除了讓酒呈現特定口感之外，更重要的目標往往是，如何讓酒款的風味口感達到整體均衡。

酒標標示	每公升含糖量（公克）	口感
Brut Nature（或稱 Dosage Zéro、Pas Dosé）	0～3	完全不甜
Extra Brut	0～6	完全不甜
Brut	＜ 12	幾乎不甜
Extra Sec (Extra Dry)	12～17	不甜到稍甜
Sec (Dry)	17～32	稍甜
Demi-Sec	32～50	微甜
Doux	＞ 50	甜味

4 配對方式
類型風格

　　另一種由口感風格挑選酒款的方法，更像是互不相識的男女，在初識時只能憑藉血型、星座來判斷彼此性格契合與否，運氣好的話，有可能雖不中亦不遠；就算運氣不佳，不過是多喝幾瓶香檳，犧牲不大。當然，最理想的情況是，有機會一次同時比較幾種風格截然不同的無年分香檳，然後從中找到個人更偏好的類型，並以此為探索基準。

　　由於不同品牌在無年分香檳之間的風味差異，主要取決於酒廠依據風格所決定的原酒調配和成熟度（其他年分香檳則多取決於使用品種和年分表現，頂級香檳則多是依循酒廠風格的同時，以最精選用料和手工打造的強化版本）。整體而言，強化濃厚和熟度的酒廠，多數有著較濃郁飽實的風格；定位相左的酒廠，則可能更強調清新水果和花香，口感也更偏輕巧明快。至於原酒的濃郁度，相當程度上受到混和品種比例影響，比方富含夏多內的酒傾向於更纖細多酸，黑皮諾比例高的酒則可能更飽滿結實。

　　採用木桶或不鏽鋼槽發酵、調配過程中添加陳年原酒的比例多寡、除渣前的瓶中培養時間長短等等，也都會影響最終口感。另一方面，酒廠「風格」也並非是千年不變的大理石神殿，反而可能與時俱進，甚至追隨消費者喜好而微幅調整，必須定期追蹤以便持續掌握。

　　倘若以一般的白酒比喻，清新雅緻型的香檳，或許比較接近酸度清爽、果香清新的白蘇維濃或夏布利白酒；中規中矩標準型的香檳，更偏向飽滿結實的新世界夏多內，除了果味還可能帶有些許烤麵包或蛋捲等風味；最濃郁型的香檳，更像是陳年的布根地白酒，除了前述風味之外，

可能還伴隨榛果、奶油糖等風味，甚至有較高的酒精濃度。

再次強調的是，香檳是酒質極易受外在環境影響的葡萄酒。慎選信譽卓越的酒商購買，並儲存在適當環境，才是確保香檳風味的最佳方式。即便如此，同時喝到兩瓶同款且同批，但風味卻截然不同的無年分香檳仍不算稀罕，將過往經歷如實在風味中刻劃，正是香檳特有的誠實正直。

清新雅緻的纖細型

羅蘭（Laurent-Perrier）／皮耶爵（Perrier-Jouët）／泰廷爵（Taittinger）

這類酒款多數帶著清爽的水果風味，充滿梨子、柑橘、青蘋果香氣和花朵芬芳，還可能伴隨些許蜂蜜或麵包香氣的香檳，口感也傾向易飲的輕巧柔順。這類香檳多數都有能勾勒出鮮明輪廓的酸度，可以是稱職的開胃酒，也能是一天中用來喚醒味蕾的第一口香檳。

中規中矩的標準型

酩悅（Moët & Chandon）／凱歌（Veuve Clicquot Ponsardin）／夢（G.H. Mumm）

這些香氣口感中，除了飽滿水果，還略有熟成風味和豐厚度的香檳，儘管是銷量龐大品牌中常見的規矩均衡風格，但也是多數人最熟悉的八面玲瓏安全選擇。

飽滿豐厚的成熟型

伯蘭爵（Bollinger）／庫克（Krug）

　　這類酒款多半在成熟果實外，還帶有明顯的蜂蜜、核桃、乾果、烤土司等香氣，口感濃郁厚實的香檳，除了可能是以黑葡萄為主進行調配，以及在木桶進行發酵、在酒中加入較高比例陳年原酒、經較長瓶中培養期之外，這類容易被辨識和理解的風格，也恰好是許多資深香檳酒迷的最愛。

　　除了按上述由輕到重、由淡到濃的口感挑選，搭配個人偏好的甜度、品種（黑中白或白中白）、顏色（粉紅或非粉紅）一起考量，相信更能輕鬆選到適合自己口感偏好的香檳。

5 配對方式
關於年分——哪種、哪家、哪年

在香檳的酒標上，有些會有年分標示，有些則沒有任何年分標記。對絕大多數香檳酒廠來說，最重要的產品就是每年都會生產而不標示年分的所謂「無年分」香檳（NV／Non Vintage）。由於酒廠會視每年收成狀況混和不同品種、不同年分收成、不同比例的陳年酒液，因此酒可以有一貫穩定風格，也是用來判斷酒廠風格的基本款。

至於在收成特別好的年分，酒廠可以選擇生產標示出年分的年分香檳（Vintage），如此較能表現出單一年分的特色。年分香檳雖然價格通常高過無年分香檳，但因為品質可能凌駕無年分香檳，也被認為是各類香檳最划算的採購選項。

不過，由於香檳使用的不只一個品種，各品種的主要栽種區域也各不相同，所以在年分方面，不同酒廠也可能因主要使用品種的不同，而對同一個年分有不同的判斷。

例如，以夏多內釀製白中白聞名的沙龍酒廠（Salon）的好年分，就不一定會和以黑皮諾的強健風格聞名的庫克酒廠（Krug）是同樣的年分。此外，即便同樣是好年分，酒款也會因為該年的天候狀況，而表現出不同的風格型態，飲者也可能因口感喜好而偏好不同風格的年分。整體而言，表現較佳的年分代表具備更長的陳年潛力，表現平淡或普通的年分則更適合在年輕時及早飲用。

年分	特色
2020	同時創下史上最濕和最熱紀錄的一年，也是生長季最短的一年。有較低糖分和清爽酸度。黑皮諾的品質尤其突出。
2019	儘管氣候仍帶來許多挑戰，最終的果實仍取得了糖分和酸度間絕佳均衡，預計將成為兼具純粹風味和張力的潛力年分。
2018	僅次於 2003 年的史上最熱夏季，也再度創下最早收成的新紀錄。成熟度和質量都令人滿意，甚至已被喻為本世紀最佳年分之一，被比擬為 1947 和 1959 年的綜合體。
2017	受極端氣候影響劇烈的困難年分，或只有少數香檳廠能推出年分香檳。以夏多內表現較佳。
2016	產量受氣候影響偏低。黑皮諾的表現優於夏多內，能兼具豐潤水果和清爽酸度。
2015	又一個創紀錄的乾季，酒體飽滿酸度偏低，表現豐厚飽滿。黑皮諾表現相對突出。
2014	儘管充滿氣候挑戰又須嚴格篩選果實，仍能兼顧果實熟度和清爽酸度，風格相對清新討喜。
2013	生長季較晚開始，導致 10 月才收成。造就夏多內表現優異的偏細瘦涼爽年分。
2012	自 2003 年以來的最低產量，卻帶來絕佳的成熟度和保有酸度的均衡風味。成熟度堪比 2009 年，也被認為是 2008 年以來的最佳年分。
2011	儘管收成時間相對早，卻也是成熟度不均、充滿挑戰的相對困難年分。
2010	8 月的降雨不只降低產量，還為葡萄帶來疾病壓力，須嚴格篩選果實才能有好表現的年分。夏多內整體表現較佳。
2009	2003 年後的另一個溫暖年分，熟度足、酸度偏低，風格豐濃易飲。黑皮諾的表現尤其突出。
2008	長時間的緩慢成熟，讓果實兼具鮮爽酸度和成熟度。是酸度鮮明、質地優雅的經典風格，陳年潛力備受期待，被譽為「可能是近三十年來的最佳年分」。
2007	濕冷的夏季讓葡萄熟度不一。低酒精、酸度明顯。夏多內表現較佳的未定年分。
2006	9 月的溫暖氣候讓葡萄有足夠熟度，酸度可能稍低。
2005	非常成功的夏多內年分，酒款口感清新純淨。黑皮諾須有足夠的成熟度。
2004	8 月的多雨在收成期之前轉晴，造就了透明且優雅的質感，水果和酸度有極佳均衡。
2003	史上最熱的夏季和最早的收成之一。葡萄極熟的豐滿口感，酸度偏低。

年分	特色
2002	整體而言，是溫暖而有足夠熟度的傑出年分，果味豐滿、酸度清晰，風味明確。兼具結構、濃郁和複雜。
2001	收成前多雨造成多病蟲害的艱困年分，須經過精選果實才能有纖細風味。
2000	收成前的好天氣讓品質急速提升，造就輕巧細緻的柔順果味。
1999	自 7 月起持續的好天候讓果實充分成熟，果味豐滿容易親近的年分。
1998	在天候不穩下，產量和品質仍超越預期的均衡年分。黑葡萄表現突出。
1997	收成前的好天氣讓果實有好的熟度，豐滿而酸度較不明顯的討喜年分。
1996	乾燥的夏季讓酸度和酒精濃度都飽滿充沛，清新又有勁道的傑出年分。
1995	1990 年以來難得的高產量好年分。明顯的酸度和礦物質風味讓夏多內尤其傑出。

歷史傑出年分：1947、1959、1966、1969、1971、1975、1976、1979、1982、1985、1988、1989、1990、1995、1996、2002、2008。

04

After Opening

開 瓶 之 後

從開瓶步驟、香檳醒酒到酒杯選擇,然後帶著香檳一同入坐餐桌,看看哪些料理與香檳天生一對,而哪些又是氛圍與情調令人難以抵擋的搭配。最後,為各位介紹幾款利用三秒鐘加油添醋,讓隔夜香檳起死回生的香檳調酒。

由瓶入杯
Serving

開瓶

　　想要成功打開一瓶香檳，首先請確定香檳已冷藏至適飲溫度（攝氏 7 ～ 10 度，帶甜味的香檳則可以更低些）。短時間內冰透香檳的最理想方式，則是將香檳置入裝有水和冰塊的冰桶（或其他任何容器）。預先將香檳放入冰箱冷藏也是相當穩定簡便的方式，只要溫度不過低。

徒手

　　取出冰透的香檳後，先撕開瓶口外包裝的錫箔，一手輕輕按住軟木塞（避免萬一軟木塞爆衝），另一手扭開覆在軟木塞外的金屬圈，取下金屬蓋，接著一手輕壓軟木塞，一手轉動瓶身即可開瓶（一般建議旋轉酒瓶者認為，轉酒

Step 1　　　　Step 2　　　　Step 3　　　　Step 4

瓶較不會讓軟木塞有機會爆衝，也有人習慣旋轉軟木塞，認為力道更易掌握，建議大家使用個人感覺順手的方式）。行有餘力不妨將瓶身傾斜至 45 度，如此能避免香檳溢出。

由於當香檳瓶塞被瓶中壓力推出時，軟木塞時速可達約 50 公里，因此不只衝力十足可能造成意外，還常發出「啵」的聲響。此聲響雖然在多數私人場合並無大礙，甚至被視為香檳必備的歡樂音效，但高級餐廳裡的專業侍酒師通常都能巧妙地控制軟木塞，讓壓力無聲洩出，因此，不發出聲響的無聲開瓶，才是真正專業的表現。

用刀

另一種更華麗炫目的演出，則是以軍刀削開香檳。這種始於拿破崙時代的作法，有傳說指稱是因為當時相當崇拜拿破崙的凱歌夫人，會在自家莊園招待拿破崙的騎兵隊住宿，並在兵士離去時送上香檳，於是騎兵隊兵士就在離開莊園的早上，在馬上威風凜凜地以軍刀削開香檳，給凱歌夫人留下深刻的印象。也有說法認為這種作法源於當時大量駐在香檳地區、作風剽悍的俄羅斯騎兵。

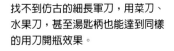

找不到仿古的細長軍刀，用菜刀、水果刀，甚至湯匙柄也能達到同樣的用刀開瓶效果。

姑且不論傳說的真實性，以軍刀削開香檳在今日仍有其令人震撼的戲劇效果，很適合在重要場合娛樂（而非傷害）賓客。當然，香檳必須冰鎮至適溫，同時避免強烈晃動，除去瓶身外的錫箔、金屬圈與金屬蓋之後，開瓶者必須找出玻璃瓶兩側的接縫線，以軍刀（或其他替代刀款）貼住瓶身的接縫處，讓刀身在瓶身滑動幾次，再朝瓶身和瓶口的連接處削去；運氣好的話，瓶頸的玻璃就會和軟木塞一起被削掉，飛洩出的香檳會推出可能產生的碎屑，剩下的就是可供賓客享用的澄清香檳。

由於「削」開香檳的重點是在瓶身最脆弱處施力，因

此刀鋒銳利與否完全不是問題。就算找不到仿古的細長軍刀，用菜刀、水果刀，甚至湯匙柄也能達到同樣效果。若想要在難得的場合讓賓客「大開眼界」，建議不妨先用價格更實惠的氣泡酒多練習幾次；另外，被削開的香檳瓶身，勢必會湧出一定分量的香檳，因此鋪著高級地毯的客廳，就不會是這類餘興活動最理想的表演場地。就算技巧已經純熟，削切時的瓶口還是別對著貴客比較保險。

萬一遇到瓶塞太乾燥扭斷，而剩下軟木塞下半部卡在瓶中時，則不妨用餐巾或布巾包裹住瓶頸，接著再用一般的侍者用開瓶器，從餐巾外直接將針尖旋入剩餘的軟木塞部分，這樣就可以成功地取出木塞，又不用擔心被香檳噴濺一身了。

醒酒與換瓶

或許似是而非，不過很多人都有「葡萄酒須要呼吸」的概念，了解將紅酒或白酒在開瓶後倒入醒酒瓶，除了能除去酒渣、讓酒和大量空氣接觸以便「呼吸」，還能適度柔化紅酒中的單寧，讓酒的香氣口感呈現「超齡」的成熟表現。特別是一些擁有漫長陳年實力的年輕酒款，往往能經由換瓶讓飲者提前體會未來才有的成熟風韻。

用在香檳身上，「換瓶」則仍是專業人士也各有贊成和反對意見相持不下的話題。有些香檳生產者認為，品質更優越、陳年潛力通常也更佳的年分（或頂級）香檳，在經過換瓶呼吸之後，可以達到和紅、白酒一樣的效果，讓酒提前展現成熟階段才有的華麗香氣和口感；

甚至有人認為，現存的古董香檳醒酒器其實已經暗示，香
檳換瓶很可能是過去早就奉行的慣例。持反對意見者則認
為，即便是非常小心地進行換瓶，將香檳從原本的酒瓶移
至醒酒瓶的過程，仍然會喪失大量的氣泡——對一種以氣
泡聞名的葡萄酒而言，似乎不是件好事。此外，進入醒酒
瓶後就難再以人為控制的方式熟成，也可能只換來過與不
及的尷尬結果。

　　就個人而言，我除了必須承認，替香檳或葡萄酒換瓶
從來不是我特別偏好的「催熟」方式。看來，香檳的換瓶
與否，也如同其他眾說紛紜的葡萄酒議題，更屬於個人口
感偏好，乃至於美學問題。經過呼吸或換瓶的香檳可以乘
著時光機，提前迎接原本只屬於未來的成熟風韻之際，或
許也有些風味柔和的可愛香檳，適合常駐在未成年的青澀
十七歲。

　　或許經過更多實驗之後，你也會找出自己最喜歡的香
檳最適醒酒時間（多數喝起來感覺仍年輕的年分香檳，被
建議可以換瓶醒酒 0.5 ～ 2 小時）。不過別忘了，除了同
款酒隨時可能因不同的進口批次和保存環境，出現不同於
以往的成熟度和口感之外，萬一換了形狀有異的新款醒酒
瓶，也要記得「調校」可能出現的時間差異！畢竟，換瓶
是一種可以用來「調整」風味表現的利器，是否運用，乃
至於如何運用，都該依個人口感偏好而定。

酒杯選擇

　　在市面上款式多元的香檳杯中，其實很難找得到淺碟
闊口型香檳杯（coupe），多半只有在婚宴或大型派對等必
須堆疊香檳塔的場合才能見到。這種少見的香檳杯，雖然

往往因為功能性不佳而少被專業人士採用，但是這種闊口的大杯型從十八世紀起就被廣為使用，其實圍繞著取自不同名女人胸型所製的傳說。不管實際的胸部模特兒究竟是路易十五的寵妃龐巴度夫人（Madame de Pompadour）或瑪莉安東尼皇后（Marie Antoinette），偶爾享受盛在淺碟闊口型香檳杯裡的香檳，倒是頗能在今日激發思古幽情的絕妙享受。

相較於淺碟闊口型香檳杯帶有懷舊氣氛的淺盤闊口，今日蔚為主流的笛型香檳杯（flute）則有直立細長的杯身，可以觀賞香檳緩緩上升的綿密氣泡，還有內收的杯口幫助香氣集中，其杯口面積相較於淺碟闊口型香檳杯遠遠更小，也有助於減緩酒液升溫的速度。不同品牌之間，還因所用的玻璃材質、機器或手工吹製的不同，而有價格不同的產品可供選擇。

另一方面，針對頂級香檳或強調特級葡萄園（Grand Crus）的香檳，也有愈來愈多意見認為以標準的白酒杯，或專為麗絲玲（Riesling）品種設計的杯型品嘗，反而是比形狀收束的笛型香檳杯，更能感受複雜風味和綿長餘韻的最佳選擇（愈來愈多酒廠也開始使用底部空間更寬闊的酒杯試酒）。畢竟，對好於此道的飲者而言，這些酒更像是恰好也有氣泡的「頂級白酒」，相較於香氣和風味的複雜多變，泡泡是否可以長長久久反而不是重點了。

雖然香檳在飲用前須冰鎮至適溫，但冰鎮香檳杯，卻因為可能吸入冰箱的氣味而影響酒的香氣，加上取出杯子後的溫差也會造成杯面結霧有礙觀察氣泡，因此較不建議。使用過的香檳杯，最好在用畢後儘速以溫水徹底清洗，並且以不含棉絮的麻質布巾擦拭以避免殘留水痕。清洗的過程，最好能避免使用清潔劑，因為香檳中的二氧化碳，其

實需要極微小的雜質所構成的氣袋才能形成；那些讓香檳冒不出泡泡的酒杯，常常就是因為用清潔劑把表面洗得太平滑。

🌿 儲存香檳
Storage

買到品質無虞的香檳後，如果是短期內（數日或一週內）飲用，在沒有特殊儲酒環境（比方酒櫃）之下，可以先置入冰箱存放，或如同其他葡萄酒置於溫度少有波動、周圍沒有異味的陰暗空間（比方衣櫃或食物儲藏櫃等）。香檳之所以不適合長期存放於冰箱，一方面因為易有食物等其他氣味入侵，再者將酒長期置於乾燥環境則可能導致軟木塞乾縮（雖然這可能需要好幾年的時間）。倘若打算存放更久，香檳也和其他葡萄酒一樣，不喜有強光、高溫和過多振動。攝氏12～14度、濕度70～90％的陰暗環境，會是較理想的儲酒環境。

另一方面，香檳真的是一種須思考該在何時飲用的葡萄酒嗎？儘管絕大多數的香檳生產者都會堅持，「當我們把酒推出上市時，就已經是香檳適合飲用的時機」；實際上，儘管香檳葡萄酒生產同業委員會（CIVC）對於無年分和年分香檳都清楚訂出相關的瓶中陳年時間規範（前者至少15個月，後者至少3年），生產者也會針對陳年潛力更佳的頂級或旗艦香檳，實施比法規更長的瓶中陳年時間，但由於消費者的個人口感喜好可能特別偏好香檳的「成熟」風味，因而選

擇經過更長期陳年後再飲用。於是，香檳在買來之後是否須要或適合繼續陳年、須陳放多久，就必須先考慮酒本身的潛質及個人口感偏好後做出決定。如果決定要將購得的香檳繼續長期儲放，適當的儲存環境也將不可或缺。香檳區所有生產者最常掛在嘴邊的另一種說法（雖然不少人認為，這其實是他們想要早點賣酒以換取現金流的藉口）就是：「因為我們無法確認消費者是否有良好的環境儲酒，所以寧願他們早點喝掉」。

　　一般最普遍的無年分香檳，通常較不特別具陳年潛力（少數風格特殊的品牌則不在此限），在酒款上市購得後放一、兩年後再飲用，可能會比剛上市時有更多的複雜度和成熟風味，但是除了某些強調清新活潑風格的酒款可能不一定適合繼續陳年外，繼續陳年也會不可避免地略微減損氣泡的活潑程度。實際上，無年分香檳，往往很難在購買時得知酒款的實際出廠時間（從開瓶後的軟木塞形狀通常只能看出概略，一般軟木塞愈大且愈快恢復成塞入前直桶原狀的，表示在瓶中的時日尚短；而軟木塞愈乾癟縮小，久久無法恢復者，則表示在瓶中已有相當時日）。儘管目前也有少數酒廠會在酒標加入「除渣時間」（多數香檳會在除渣的數月後出廠）的資訊，讓消費者可以更精確地掌握一款無年分香檳的實際年齡，但對絕大多數香檳來說，一次購買數瓶分批飲用以觀察酒款變化，或許仍是找出個人對香檳成熟風味偏好的最妥當方式。

　　針對陳年潛力較佳的年分香檳，除了酒廠往往會根據酒的狀況，經過更長培養期才推出外，上市後的陳年潛力，普遍也有 3 至 5 年，或依不同年分可長達 10 年或數十年之譜。同樣標示有年分，價格在金字塔頂端的頂級或旗艦酒款的年分香檳，則又有更甚於普通年分香檳的陳年

潛力。比方知名的庫克（Krug）或沙龍（Salon），都是動輒能陳放 15 年以上的佼佼者，這些在用料方面更精挑細選、本身也經過更長時間釀製的酒款，即便在年輕時也相當好喝，但經過適當陳年後，往往才更容易體會酒款的豐富層次和複雜精妙。值得注意的是，容量1.5 公升的兩瓶裝香檳（Magnum），成熟的速度也較容量 750 毫升的標準瓶來得更緩慢（半瓶裝的 375 毫升則速度更快），這也是為什麼許多香檳收藏家，特別偏好兩瓶裝的理由之一。

食物搭配
Food Pairing

從和食物搭配的角度來看，由調配、顏色、口感衍生出多元風味的香檳，簡直就像裝滿不同類型衣物的夢想衣櫥。不管是週末出遊的休閒輕裝、平日上班的幹練打扮、喜宴派對的豪華盛裝；具體而微地呈現各類葡萄酒風味縮影的香檳，都能無所不包地從淡到濃、從輕到重、從不甜到甜，在各種風味中適切地對應從法國菜到泰式料理，從小籠包到生魚片。

一般葡萄酒和食物搭配的準則，對

貴的一定更好？

在不特別極端的正常價格範圍中，多數時候能放諸各類葡萄酒皆準的「愈貴愈好」理論，用在香檳上卻存在更多弔詭。香檳品質主要取決於所使用的葡萄原料、釀造方式與陳年時間長短等，但是，由主要幾個大品牌主導的香檳市場卻是葡萄酒產品中，極度熱衷市場行銷、打造奢華形象的酒款類型。於是，許多出自小規模生產者的生產者香檳（Grower Champagne），雖然品牌知名度和產品能見度都遠不及大品牌，但往往能以相對平實的價格提供水準以上的產品，反觀大規模國際品牌，除了必須支應龐大的全球行銷費用外，偶爾還會因為定價策略上的競爭，而不得不「調整」價格以襯托品牌形象。值得掏錢買酒的人深思熟慮做出聰明決定。

香檳也一應適用。依照菜色的口味濃淡來選擇，比方質地和風味都細膩淡雅的中式清蒸魚，可以搭配只以白葡萄釀成的質地細雅白中白香檳；油脂和風味都豐滿厚重的日本料理紅肉魚生魚片（如鮪魚、鮭魚），就不妨搭配只以黑葡萄釀成，而風味與口感更厚重的黑中白或年分香檳。

　　想要根據菜色的口味推進而遍飲各種香檳，也只須遵循從淡到濃的簡單飲用順序。比方口感清淡的無年分香檳，常在派對裡作為餐前開胃酒；隨著餐宴進行，可以口感更厚重或複雜的年分香檳、頂級香檳依序搭配主菜；及至餐後以帶有甜味的香檳搭配甜點都很常見。顏色接近「白酒」的多數香檳，的確和魚類、帶殼海鮮，甚至如雞肉等白肉，都能輕鬆構成絕佳組合。不過，即便是牛、羊或野味，也有風味複雜多層的年分香檳、飽滿結實的黑中白香檳，或成熟的頂級香檳、粉紅香檳足以匹配。

　　以香檳進行餐酒搭配時，只要考量香檳固有的風味，便能從中找出能和食物風味產生連結的元素，並且避開相互對抗的情形，輕鬆地享用香檳和美食。例如多數香檳都有鮮明酸度，因此可搭配一些酸味的菜色，例如日本料理常見的炸蝦等，就很適合以香檳取代原本的醋或檸檬。

不同口感類型

清新雅緻細巧型
Laurent-Perrier 羅蘭、Perrier-Jouët 皮耶爵、
Taittinger 泰廷爵

　　這些香檳多數帶著清爽的水果風味，充滿梨子、柑橘、青蘋果香氣和花朵芬芳，還可能伴隨些許蜂蜜或麵包香氣，

是很適合初次品嘗香檳者的易飲輕巧型。這類香檳口感酸
度也可能鮮明，可以是稱職的開胃酒，或者在早午餐成為
一天中用來喚醒味蕾的第一口香檳；和食物搭配時，不妨
在食物中也添加少許柑桔類風味，或直接搭配各種炸物（原
味海鮮或蔬菜）。飲用溫度則可以設定在香檳適飲溫度較
低的 10 度以下。

中規中矩標準型
Moët & Chandon 酩悅、G.H. Mumm 夢、
Veuve Clicquot Ponsardin 凱歌

　　這些可以略微感到熟成風味和豐厚度的香檳，雖然也
有一些白桃或黃桃類的水果香氣，但更易出現顯著的酵母
風味、烤麵包與焦糖類口感。這類在銷量龐大品牌常見的

規矩均衡風格，在風味不特別有稜角的同時，往往也是多數人最熟悉的安全選擇。這類香檳本身風味均衡，可以在餐桌上優雅地周旋在海鮮和肉類之間，原味烤雞、蔬食、蒸魚等都是這類香檳可以輕鬆收服的菜色，適飲溫度不妨設定在 10 度左右。

飽滿豐厚成熟型
Bollinger 伯蘭爵、Krug 庫克

　　這類香檳強調飽滿豐厚，常表現出更多烤麵包、蜂蜜、乾果與水果乾，或帶有咖啡、蘑菇、焦糖等熟成風味。可能因為黑葡萄占比更高、調配比例加入更多陳年原酒，又或者酒款經過更長陳年期，讓酒表現出更多複雜、深厚的香氣和口感。對入門者來說，這些性格鮮明口感也許不那麼「輕鬆」，但卻能和較複雜或濃厚的料理顯得登對，在飲用之際，也不妨以濃郁型「白酒」的概念看待，將適飲溫度設定在 10 度以上，甚至嘗試用白酒杯感受酒款豐富的變化。

香檳 VS. 風味食材

干貝

　　滯留在香檳採訪的那段期間，幾乎每天的餐桌上都能見到干貝。幸好我不僅對干貝質地情有獨鍾，也對煎烤後的干貝甘甜風味愛不釋口。不管是單純的原味香煎或搭配更濃郁的奶油醬料，

以干貝為首的帶殼類海鮮都是最容易和香檳搭配的首選。

由醬料決定的濃淡風味，可以分別搭配成熟的年分香檳或有清明酸味的高雅白中白。即使無法親至產區，美味的干貝和一瓶上好的白中白香檳，也能讓你家客廳充滿法式奢華情調。

生蠔

也許是因為生食常讓人聯想到情慾，或是007總在啜飲香檳、品嘗魚子醬後和美女溫存留下的印象太鮮明？撇開魚子醬和年分或頂級香檳這類超豪華的「經典」搭配不談（雖然我個人的平民品味一直以為，這兩者的結合更像是政治聯姻，而非真心相許），香檳和生蠔卻是一段在香檳區普遍備受認可的理想關係。特別是風味帶有源自白堊土壤礦物質感的明晰酸度香檳，最容易和生蠔構成令人難忘的催情晚餐。

菇蕈

葡萄收成的秋季，恰好也是香檳區美味菇蕈豐收的時節。當地常見的雞油菌菇（girolle），不但常在各種魚類或肉類主菜中成為最耀眼的當季配菜，在風味成熟的香檳中，也常見菇蕈類香氣，和菜色形成絕佳風味配對。

除了當地的雞油菌菇之外，多數菇蕈類經常佐以奶油醬料的溫和口感，也很容易接納香檳高酸的清爽風味。出現在早午餐的蘑菇蛋捲如此，晚餐中備受歡迎的野菇燉飯如是。菇蕈

類之外，性格溫和的蔬食也常能成為細雅型香檳的好搭檔。

草莓

自從電影《麻雀變鳳凰》（Pretty Woman）裡出現香檳搭草莓一起享用的畫面後，據說當年的聖誕夜，紐約各大餐廳都出現了許多如法炮製的情侶。雖然單獨以草莓搭配香檳，可能會出現讓草莓感覺更甜，而香檳的酸味卻更為突出的不完美，但以略帶甜味的香檳，搭配以草莓或其他紅莓類為主的酸中帶甜點心，卻可以是美妙的餐宴句點。此外，香檳和草莓在口感上儘管難以兩全其美，但在視覺和浪漫情調上，卻擁有強大的魅力令人難以抗拒。

香檳調酒
Champagne Cocktail

用香檳來調酒，對嚴肅的香檳飲者來說，簡直等於「在葡萄酒裡加雪碧」的大不敬。當然，世界上除了適合認真品飲的香檳外，可能也還有些價格實惠又充滿氣泡的酒精飲料，可以在稍微加油添醋後，滿足不一定喝得慣香檳的青澀味蕾。也有可能是一支前一晚無法完全消受的隔夜香檳，那麼，花個三秒鐘讓它們改頭換面、煥然一新，其實也可以是美味的好主意。

貝里尼（Bellini）

這種發源於義大利威尼斯的調酒，除了曾經讓大文豪海明威也讚不絕口之外，其實應該是更正統地用義大利的氣泡酒 Prosecco 加上新鮮的水蜜桃果泥調製。不過，性格不拘小節的義大利人應該不會太計較，如果隔夜香檳是你家唯一的氣泡酒選擇，或者在沒有傭人準備好新鮮水蜜桃泥的廚房裡，你只能在便利商店買來濃縮的水蜜桃果汁——那麼，在香檳杯中加入一份水蜜桃汁，再加上三份香檳（或任何氣泡酒），就能讓不很正統的義大利調酒貝里尼大功告成。不過，由於 Prosecco 的口感通常更淡雅清新，因此萬一你的隔夜香檳恰好是風味濃厚豐滿的伯蘭爵（Bollinger）或庫克（Krug）等，可能最好還是打消念頭，省得毀了可愛的貝里尼。

含羞草（Mimosa）

據說是由巴黎麗池飯店「發明」了調酒含羞草。可以將柳橙汁和香檳按喜好選擇 1：3 或 2：3，甚至是 1：1 的對半比例混調即可，這個顧及調酒者和品飲者口味的自主性配方，和其他香檳調酒一樣最好先加入果汁再加香檳，以避免過度的攪拌影響氣泡，所以簡單到連攪拌都免了。

皇家基爾（Kir Royal）

這款歷史悠久，同時也是我個人最偏愛的豪華版法國調酒，原始版是以一份黑醋栗香甜酒，加上九份白酒（通常用的是最普通的布根地白酒）。將白酒升級為香檳的豪華版本，不但口感美味加倍，找不到黑醋栗香甜酒時，可改用紅醋栗、覆盆子、小紅莓等果汁按 1：3 的比例調配。

香檳手作
Champagne DIY

覆蓋在軟木塞外，用來防止其無預警地從瓶中爆衝出來的金屬圈和瓶蓋，據說是在十九世紀中期的 1844 年才出現。如今這個作為香檳「口罩」（法文為 Muselet，正為此意）的小鐵片和金屬圈，卻為香檳飲者帶來口感以外的另一種樂趣。各家酒廠針對不同香檳所設計的不同 Muselet 圖案，讓許多香檳愛好者也成為熱衷的瓶蓋收藏家。香檳產區的許多商店就能看到專門為收藏這些小鐵片所設計的收藏板，一個個瓶蓋可以恰好嵌入的收藏版，不但有各種不同材質，甚至還有可以掛在牆上展示的壁飾。

手更巧一些，或者享受 DIY 樂趣的讀者們，還能將香檳的金屬圈「改裝」成獨特的「香檳椅」。只需要一把尖嘴箝和一雙巧手，不要幾分鐘，就能將具有特殊紀念意義的香檳瓶蓋留作永久紀念。

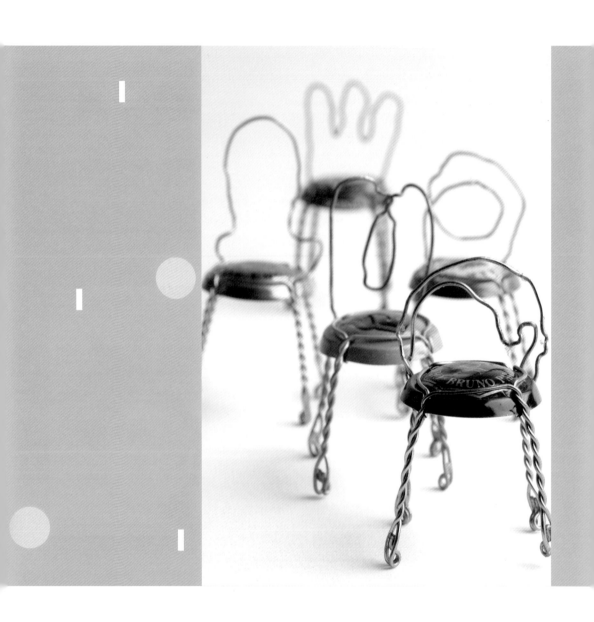

製作步驟

Step 1

先將金屬圈蓋鬆開,取出軟木塞。

Step 2

用尖嘴箝鬆開下圈緊緊纏繞的鐵絲,將鐵絲從連結的四隻腳中取出,留下即將成為椅面和椅腳的部分。

Step 3

用先前取出的鐵絲,在中心部分彎折出椅背的設計。將椅背按瓶蓋大小調整至適當比例後連接至椅身,注意盡量將鐵絲的接點,藏到較不醒目的位置。獨一無二的香檳椅大功告成!

Step 4

習慣基本的香檳椅作法之後,不妨挑戰更高難度的特殊設計。

Champagne Producers

香檳生產者

規模大或小，對選擇香檳來說是個問題
嗎？事實是，多數人甚至可能不知道自己
擁有這項選擇。大酒廠與小農夫之間究竟
在哪些方面各有擅長？而我們又如何依
照自身喜好與需求找到最合適的酒款？

　　全球香檳市場，實際上是由六個大型酒商集團擁有的二十多家酒商品牌香檳，主導了近三分之二的全球銷售。不管是號稱全球平均每一秒都會被打開一瓶的酩悅香檳（Moët Chandon），或是007最愛的伯蘭爵香檳（Bollinger），儘管兩者在生產規模方面天差地遠，但都屬於所謂的大型酒商香檳（Champagne Houses，或稱 Les Grandes Marques）。

　　另一方面，由獨立葡萄農從種植葡萄、製酒，乃至於生產銷售都一手包辦的生產者香檳（Grower Champagne），則是在進入本世紀後愈發風行。就連在本地市場，這些過去乏人問津的小酒廠，如今都愈來愈受進口商和消費者關注。這些廣受專業人士或星級餐廳侍酒師喜愛、被認為能更展現香檳風土本色、凸顯個別差異的生產者香檳，往往是由家族成員負責從種植葡萄、生產成酒，一路到行銷推廣。相較於大集團動輒廣達數百公頃的可選素材範圍，往往只有自家十來公頃或甚至個位數農地果實可供使用的生產者，卻透過使用單一品種、單一村莊、單一年分，甚至單一葡萄園的方式，展示了更多關於香檳的嶄新概念和想法，也展現許多過去罕見的香檳風貌。

　　然而，大酒廠和小農夫或許在不同面向各有擅長，但兩者之間並無絕對的優劣之別。甚至部分對潮流敏感的大型酒廠，近年也推出不少像小農的單一地塊或單一品種酒，而也有部分小農因為酒款供不應求，而必須逐漸擴大規模，轉型成為必須購買葡萄的酒商。因此，不論是選擇大酒商或小農夫，如何依據個人當下需求找到最合適自己的酒款，才是在豐富的香檳世界獲得最大樂趣的不二法門。

	優點	缺點
大型酒商香檳（Champagne Houses） 也稱 Grandes Marques，向葡萄農購買原料葡萄後自行生產銷售香檳。 酒標示：NM。 代表 Négociantt Manipulant。	• 產量大，行銷預算豐 • 酒款知名度與能見度高 • 葡萄來源廣，較易應對極端氣候風險 • 擁有龐大的酒液儲備維持穩定品質	• 葡萄來源多且廣，較難展現特定風土
生產者香檳（Grower Champagne） 或稱小農香檳或獨立酒莊香檳，由葡萄農自行負責從種植葡萄到生產銷售的所有環節。 酒標示：RM。 代表 Récoltant Manipulant	• 對葡萄園控制度高 • 包含許多有機或自然動力法種植者 • 葡萄園面積和所在地塊相對受到局限，更易展現特定風土	• 產量小，欠缺行銷預算 • 酒款知名度與能見度低 • 葡萄園面積相對小且集中特定區域，較難應對氣候風險 • 酒質更易受年分影響

趨勢：近年來，許多優異的生產者香檳，也基於各種原因（例如生產規模擴張、稅務需求等），從原本的 RM 轉型為能購買葡萄的「酒商」香檳 NM，但由於相對規模仍遠不比知名大廠，因此仍歸類於生產者香檳。例如文中提及的 André Clouet、De Sousa，以及 Diebolt-Vallois、JL Vergnon、Jérôme Prévost 等知名生產者。

大型酒商香檳
Champagne Houses

動輒擁有數十或數百公頃葡萄園，或和許多來自不同區域葡萄農合作的大型酒商生產者，除了葡萄來源並不受限於酒廠所在位置外，往往也較有能力在產量龐大的情況下仍維持穩定品質，因為他們通常也有較豐富的陳年酒液可供調配，甚至有較充裕的資金，可供頂尖酒款在酒窖中經過較長培養陳年。

Alfred Gratien 亞佛格拉帝

　　這家創建於十九世紀後半的歷史酒廠，儘管在本世紀初成為德國著名酒業集團 Henkell 旗下的一員，但很幸運地，年僅十九歲就跟著父親一起工作、傳承家族百餘年釀酒傳統的酒窖總管 Nicolas Jaeger，仍舊按著一貫的傳統和態度，負責酒窖內的大小事務。

　　身為創建者以來的第四代家族成員，Nicolas 如今仍依照父親的教導，堅守該廠百餘年來的傳統。所有的發酵都在橡木桶內進行，搭配不施行乳酸發酵的工法，打造出強調果實本來風味，同時兼顧陳年潛力且保有鮮活口感的獨特風格。

　　除了前述釀造工法的講究外，以該廠風格來說，長時間的酒窖培養也不可或缺。相較於法規明定的 15 個月，或許多酒廠實際上採用的 2 至 3 年，該廠卻往往連無年分酒款都經過 4 年培養，年分香檳更是至少培養 10 年，才成就最終的飽滿細膩。

Armand de Brignac 黑桃

　　如果在商學院，這絕對會是課堂上被拿來討論的成功行銷案例，也是所有苦於不知該如何從事葡萄酒銷售之人，都應該知曉的成功故事。

　　故事得從一位愛喝香檳的流行藝人開始說起，他是號稱在本世紀重塑了美國香檳文化的嘻哈天王 JAY-Z。這位曾經因為沒人有興趣發行他的唱片，而創建自己的發行公司，最終並以此為基礎打造了娛樂帝國的奇才，曾經也是路易侯德爾（Louis Roederer）酒廠頂級香檳──「Cristal」的愛好者，他不只一次在歌曲和音樂影片裡宣傳自己的最愛，直到某日，當該酒廠高層在接受《經濟學人》訪問時的發言，讓這位嘻哈天王徹底傷了心。他認為對方的言論帶有種族歧視，於是

他不但從此拒喝「Cristal」，更想辦法創了自己的香檳。

另一方面，負責生產製造這款香檳的 Cattier 家族則是知名老字號，從 1763 年開始在香檳產區種葡萄，更於 1918 年開始製酒。這家以飽滿水果風格聞名的香檳廠，專為頂級客戶打造出這款號稱用最高級原料製成的香檳，還以該廠曾推出過的 Antique Gold 酒瓶為藍本，搭配了印有黑桃圖案的醒目金色酒瓶。這款外表超吸睛的香檳，隨著 JAY-Z 的音樂錄影帶曝光聲名大噪，加上他在藝人朋友圈內的影響力，使得這款遠遠就能讓人一眼認出的香檳，頓時成了全球豪奢香檳的代表。

尤其值得學習的是，這款香檳在 2006 年首度上市引起話題後，還在 2009 年頂級香檳雜誌《Fine Champagne Magazine》所舉辦的國際香檳盲評大賽，成功獲得榜首。這項由業界眾多專業人士評選出的成績，也一掃酒款的花瓶形象，讓此酒款頓時成為內外皆備的香檳。當然，酒款也以一瓶動輒萬元臺幣以上的售價匹配奢華形象。至於瓶中，混和了三個年分與品種製成的酒，再加上以經橡木桶培養的陳年基酒調配補糖液後，最終的成果有多細緻複雜，似乎反而較不受關注。

除了最初的金色外，該廠目前已發展出包含粉紅、甜味、白中白等六款產品，且分別搭配不同顏色的酒瓶。至於一手把這款香檳從沒沒無聞打造成全球知名品牌的 JAY-Z，也從這款香檳的部分投資者，變成完全掌握品牌的擁有者，近期又將一半股權賣給全球香檳產業的第一大集團：擁有酩悅香檳等一系列品牌的酩悅軒尼詩（Moët Hennessy）集團。曾多次被富比士雜誌選為全球最會賺錢明星的商業奇才，果然名不虛傳。

Ayala 艾雅拉

　　坐落於 Aÿ 村的該廠創立於 1860 年，及至 1865 年就以有別於當時主流的明顯甜味口感，與較低含糖量的清爽口味抓住英國消費者的味蕾，甚至成為招牌風格，備受歡迎。進入 1920 年代，該廠更成為西班牙皇室的官方指定香檳酒廠，一時聲名鼎盛。跨入本世紀以來，則隨著 2005 年由伯蘭爵（Bolllinger）香檳買下，更進一步全面翻新了釀酒設備和團隊，改採永續農法，還得以使用共來自七十個不同地塊的葡萄果實，大大增添了原酒的多樣性。

　　該廠的酒款以夏多內品種為主體，搭配不鏽鋼槽發酵，在女性釀酒師 Caroline Latrive 的操刀下，成功展現相對女性化的細緻柔美風格。除了整體帶有鮮潤討喜的水果風味外，也顯得圓順易飲。在眾多酒款中，帶有浪漫色澤的粉紅香檳，無論是無年分或單一年分酒款，都有甜美可喜的迷人表現。

Billecart Salmon 碧爾卡沙蒙

　　創業於 1818 年的碧爾卡沙蒙是一家至今仍由家族經營，並以純淨鮮明的水果風味和優雅風格聞名的香檳酒廠。有趣的是，這家歷史並不算短的酒廠，在釀酒技術方面卻很大膽地求變求新。目前掌管酒廠的 Roland-Billecart 兄弟，把從釀造啤酒的外祖父那兒學到的麥汁澄清技術也運用到香檳釀製。因此，此間酒廠的香檳得以憑藉在初次靜置澄清後，多一道的二次低溫靜置澄清（double débourbage）和隨後的低溫發酵，緩慢地孕育出備受好評的純淨水果風味。

　　旗艦粉紅香檳「Cuvée Elisabeth」的首支年分為 1988 年，以夏多內和黑皮諾約各半的調配比例添加紅酒製成，釀造過程極力避免萃取過度的單寧或結構，並只保留鮮潤

的酒色和水果風味，都讓這款酒成為眾多頂級粉紅香檳中備受好評的優雅細膩酒款，也被認為是最能詮釋該酒廠風格的代表作。此外，以面積只有 1 公頃的單一葡萄園黑皮諾果實釀成的「Le Clos Saint-Hilaire」，則是產自 1960 年代葡萄樹的稀有黑中白酒款。

Bollinger 伯蘭爵

由德裔移民 Joseph Bollinger 在 1829 年創建的這家香檳酒廠，雖然規模在香檳區並不算最大，但是以獨特手法塑造的酒款風格，以及結合電影 007 的行銷手法，都讓該酒廠不論風味或名氣，都在整個香檳產區獨樹一幟，對許多香檳愛好者構成特殊的吸引力。二次世界大戰時，伯蘭爵也像許多香檳酒廠——在寡婦 Lily Bollinger 手上完成了品質提升和市場開拓。如今這家仍是由家族擁有的酒廠，不僅在 2005 年買下香檳酒廠艾雅拉（Ayala），還以新產品無年分粉紅香檳積極出擊。

實際上，位於 Aÿ 村的伯蘭爵酒廠，不僅早就善用 Aÿ 村為黑皮諾大本營的優勢，讓黑皮諾在所有酒款的占比均超過六成，還有近 180 公頃的優質葡萄園供應近七成的需求。大量運用木桶發酵，並使用來自 Oger 與 Cramant 等村莊夏多內風味圓熟的作法，也讓酒款風格豐厚飽滿。遠超過法規的漫長瓶中陳年（無年分香檳至少 3 年、年分香檳至少 5 年、RD〔法文 Récemment Dégorgé 的縮寫，意為「新近除渣」〕8 年以上），乃至於調配使用高比例陳酒，都像是依據頂級香檳發展公式般，面面俱到地撐起品質。

然而，在眾所周知的頂級香檳公式之外，伯蘭爵香檳還很罕見地將陳年酒液以兩瓶裝搭配軟木塞封瓶的方式儲存（其他酒廠可能多儲放在小型鋼槽或以金屬瓶蓋封瓶）。

在同時添加極少量糖分和酵母之後，瓶中這些被封存的酒液是以微泡的狀態儲存，酒廠認為這種狀態可以讓酒質更穩定；以軟木塞封瓶則會讓酒在經長期陳年（超過 3 年）後，有勝過金屬瓶蓋的更佳香氣表現。

因此，伯蘭爵香檳以數量龐大的原酒和不同年分的陳酒調配出的無年分「Special Cuvée」，儘管多數原酒是在鋼槽發酵，但加上往往已經帶有濃密厚重的飽滿烤麵包、酵母與燻烤風味的調配陳酒，能在眾多無年分香檳顯得醒目突出。年分香檳的「Grand Année」則是只採用特級和一級葡萄園果實，完全以木桶發酵，經過至少 5 年才推出；內容酒液完全相同，但經過酒渣陳年時間更長，且補糖量通常只有年分香檳一半（約 3 ～ 4 公克）的 RD，則能在上市後立即享受經過長期熟成的複雜表現。

伯蘭爵香檳眾多酒款最特出的，應該還是以只有不到 0.5 公頃的「根瘤芽蟲病害前」的未嫁接黑皮諾釀成的黑中白香檳「Vielles Vignes Francaise」。這些因不明原由而未受蟲害影響、僥倖留存下來的葡萄園，如今仍依照古老的農法讓葡萄得以用自身的根部再生。長得相當靠近地面的這些果實，因此能有更高的成熟度，還因低產量而保持絕佳的濃縮風味。這些只在最佳年分才單獨裝瓶且產量每次只有約三千瓶的珍品，最能展現該廠的深厚內力。

自 2005 年 Gilles Descôtes 擔任葡萄園總管以來，在葡萄種植方面也開始實驗有機農法，並在酒廠開啟一系列降低碳足跡的環保措施。

Bruno Paillard 布魯諾百漾

想像一下，如果你不到三十歲，擁有一臺積架（Jaguar）老爺車，你願意賣車換取創業基金，並打造屬於自己的香檳酒廠嗎？出生在香檳區歷史家族的 Bruno Paillard，從小就在家族的香檳產業耳濡目染，1981 年，未滿而立之年的他已經在具備清晰願景的情況下，創建了屬於自己的香檳廠。幾十年後，儘管他同時貴為香檳產區第五大集團——蘭頌（Lanson）的主席，但此酒廠仍是他心之所繫。

建廠後，他不只陸續為酒廠買下足以供應約半數所需的葡萄園，還不吝投資各種先進設備，並以鋼槽和木桶發酵。他還讓酒經長時間培養熟成（部分酒款甚至高達法定規範時間的三倍），為的就是希望確保源自十五個村莊、三十個地塊，全數採有機種植（部分甚至為自然動力法）的多樣化原酒，最終能展現出他所設定的純淨、優雅和複雜風格。

此酒廠也是率先在酒標上標示除渣日期的先驅，他希望讓消費者感受不同除渣時間為香檳帶來的風味差異。而其精準細緻的風格，也廣受酒評家和頂尖餐廳歡迎。

Delamotte 得樂夢

　　這可能是一種難以克服的微妙情愫，如果在自己的兄弟姐妹裡，恰好有一位是閃閃動人、永遠光彩奪目的大明星──這不正巧就是得樂夢香檳的處境，因為同屬於香檳地區第二大酒廠集團羅蘭香檳（Laurent-Perrier）集團旗下，而以白中白聞名的名廠沙龍（Salon）恰好就在隔壁，這個被稱為「姐妹」（或甚至二軍）酒廠的得樂夢，於是一方面因為能在不生產「Salon」的年分，使用其葡萄而提升品質，另一方面，「Salon 二軍」的定位帶來的影響也不僅限於正面。

　　事實上，創建於 1760 年的得樂夢酒廠在香檳也算是老字號，還和蘭頌香檳（Lanson）頗有淵源，如今這家規模不大的酒廠，仍以所在地 Le Mesnil sur Oger 村的夏多內為酒款主幹，除了有甜美的粉紅香檳和豐潤可愛的無年分基本款外，無年分和年分白中白酒款，則以所在地點和鄰近村莊的夏多內，營造出別具特色的豐富堅實礦物感風味。

Devaux 帝富

　　早在 1846 年就於巴哈丘（Côte des Bar）創建的帝富，旗下酒款使用的最主要品種就是該區最著名的黑皮諾。這家由 Devaux 兄弟創建的酒廠，於 1986 年轉手給巴哈丘最大的香檳合作社 Union Auboise。之後，不只曾被英國雜誌《Decanter》評選為「十大快速崛起香檳酒莊」，隨著此區在整體香檳產區愈受矚目，擁有八百位合作葡萄酒農且葡萄園面積廣達 1,000 公頃以上的帝富也愈受關注，被認為頗能代表區域風土。

　　為了打造豐潤飽滿的風格，此酒廠不只讓酒經過較長的陳年時間、陳年酒液的調配占比較高，還搭配各種不同

尺寸和燻烤程度的橡木桶儲放陳年酒液，也打造了同時存放不同年分陳年酒款的陳釀系統（類似西班牙雪莉酒所用的 solera 系統）。例如，獲獎連連的「Cuvée D」系列酒款中，就含有部分陳釀超過 20 年的陳年酒液。帝富使用橡木桶的高超技巧，甚至讓同樣以使用木桶聞名的庫克（Krug）前任酒窖總管 Eric Lebel 都不禁讚嘆，甚至將此廠譽為「巴哈丘的庫克」。

Dom Pérignon 香檳王

當初酩悅（Moët & Chandon）最早在 1936 年推出「Dom Pérignon」時，還只是旗下旗艦酒款的名稱，然而隨著酒款的名氣日益高漲，如今的 Dom Pérignon 已經成為擁有酩悅香檳的 LVMH 酒類集團之下的獨立品牌之一，並且在釀製和經營方面都脫離了最初創造品牌的酩悅香檳。

掌管該廠近三十年的釀酒總管 Richard Geoffroy 儘管已於 2019 年離開，但他的努力卻讓香檳王多年來在眾多頂級香檳中，保持無可動搖的領先地位。穩定的葡萄來源、精益求精的釀造，以及夏多內和黑皮諾約各占一半的比例，另外，特殊的好年分會進一步窖陳 7 年，並成為 Richard 口中「不經一段時間很難被人理解」的葡萄酒。也基於不是所有人都能在一開始就看見釀酒總管眼中的美好未來，酒廠後來乾脆讓部分香檳經更長時間窖藏，把這些香檳直接「養」到成熟再推出。

這些經過較長期酒窖陳年而推延上市的酒款過去名為「OEnothéque」，如今則分別依不同的陳年期更名為「P2」與「P3」，分指不同的陳年期。例如以 1998 年採收果實釀成的香檳王，最早的酒款會在 7 年窖陳後於 2005 年上市，但延遲推出的同年分「P2」，卻是在 2014 年才推出。經過

不同期間酒渣培養的同一款酒，自然在風味上也會有相當大的差別。經過更長的培養，可能帶來更多陳年的風味和特色，但也難免少了些新鮮香檳的水果風味，尤其「時間就是金錢」，不同期間上市的酒款除了風味之外也有明顯的價格差異。

Drappier 卓皮耶

　　創建於 1808 年的卓皮耶是坐落於巴哈丘（Côte des Bar）區內的歷史悠久生產者。酒廠在創建之初只是將種植的葡萄銷售給酒商，卻在進入二十世紀後，開始生產自家香檳。就連種植比例高達七成（也是此區最主要種植品種）的黑皮諾，當初都是由第七代莊主的祖輩在 1930 年代率先引進此區。目前，卓皮耶家族的第八代已經加入家族事業的行列，他們也謹守家族代代在 Urville 村的傳承，旗下的部分葡萄園目前也已獲得有機認證。

　　酒廠以巴哈丘產區黑皮諾為主釀成的酒款，充分展現出當地高比例石灰岩和溫暖氣候帶來的豐潤華麗。獨特的口感風格，還因為受到曾任法國總統的戴高樂喜愛而聞名。此外，該廠也致力於維護區內的罕見葡萄品種，因此 Arbanne、Petit Meslier、Blanc Vrai 或 Fromenteau 等品種都有種植，他們也推出了以這些罕見品種製成的香檳。勇於創新和嘗試的態度，除了讓他們在種植方面，朝向有機且釀造完全不加二氧化硫的香檳外，他們甚至推出名為「Immersion Set」的實驗性酒款，將兩款同樣的香檳，分別經過酒莊酒窖，以及在布列塔尼（Bretagne）海域陳年的迥異方式，提供關於香檳的更多可能。

Duval Leroy 杜瓦樂華

　　自古以來，香檳區的發展一直和女人（特別是寡婦）
有密切關係。這裡的男人往往不幸早逝，於是從十八世紀
起，先是有凱歌香檳（Veuve Clicquot Ponsardin，VCP）的
凱歌夫人在丈夫驟逝後接下家族生意，不僅開拓出口市場，
還研發出搖瓶木架解決香檳除渣的問題。十九世紀之後，
波茉莉（Pommery）的寡婦 Madame Louise Pommery 也將酒
廠的方向轉為專營香檳，還成為第一家推出口感不甜香檳
（Brut）的酒廠。進入二十世紀後，伯蘭爵（Bollinger）、
路易侯德爾（Louis Roederer）也都在幹練的寡婦當家作主
之下開創新局；如今掌管杜瓦樂華（Duval Leroy）酒廠的
Carol Duval-Leroy 則延續這項傳統似地，在 1991 年丈夫過
世後，接下歷史超過百年的家族企業，將曾經以代客生產
「自有品牌」香檳聞名的酒廠，一轉成為挑戰更高品質的
大規模生產者。

　　如今，杜瓦樂華的酒款，在女性釀酒總管 Sandrine
Logette-Jardin 的帶領下，除了自有葡萄園均以有機或自然
動力法耕作，且有多款獲得有機認證的香檳外，也有以
罕見品種──小美莉（Petit Meslier）釀成的極限量單一
品種香檳。整體輕柔的風格，除了基本款的無年分「Brut
NV」，曾在 2008 年獲得美國主流葡萄酒媒體《Wine
Spectator》雜誌選為年度百大外，年分白中白也因為葡萄
主要來自特級葡萄園，加上部分酒液以木桶陳年，從而有
豐潤飽滿的結構。至於最能代表酒廠的當然還是全數使用
特級葡萄園果實，並以夏多內為主體釀製的「Femme」（法
文意為女性）；看來，女人不只在有近半數員工是女性的
杜瓦樂華扮演要角，也仍將會是香檳產區的重要勢力。

Gosset 高仕達

　　靜謐地矗立在 Aÿ 村的高仕達香檳，創立於 1584 年，是比歷史最悠久的香檳酒廠慧納（Ruinart）更久遠的酒廠，只不過，當時高仕達所生產的仍是紅酒，而非香檳。或許也因此，今天的高仕達似乎有著不同於其他香檳酒廠的獨特顏色。

　　讓高仕達酒款一眼看上去就很不同的是十八世紀復古瓶型。這是一家在某方面仍相當傳統的酒廠，雖然這些特殊的瓶型，讓酒廠的搖瓶、貼標等工作因此必須更費時地以手工進行，然而在維持古風之外，曾經由家族擁有四百多年的高仕達，也在 1994 年轉手給 Cointreau 家族，此後除了提升產量之外，還做了許多貼近新市場需求的轉變。

　　儘管一提到 Aÿ 村就令人聯想到黑皮諾，但如今的高仕達，卻在掌握多數特級和一級葡萄園果實（平均比例為 95％）的前提下，不但讓夏多內在調配比例愈形重要，即便是粉紅香檳，高仕達也罕見地讓夏多內成為調配的主軸，比如無年分的「Grand Rosé」，就以鮮潤的紅色莓果風味、細緻精巧的質地，以及相較複雜的風味，在同類酒款有突出的表現。

　　或許在過去十多年來，酒廠的整體風格逐漸從黑皮諾轉向夏多內，但是在謹守不經乳酸發酵、較長酒窖陳年等種種品質原則下，也讓酒廠先是在 2010 年獲得了法國卓越獎（Trophée de l'Excellence Française），接著更在 2013 年獲得法國政府頒發的傳統名店（Living Heritage Company，EPV）稱號，成為迄今獲得此項認可的三家香檳酒廠之一，同一塊招牌，四百多年後仍備受好評。

Henriot 安侯

　　創建於 1808 年的安侯香檳，是香檳地區少數自創業至今兩百多年以來，持續由家族經營擁有的酒廠之一。也因此，維持高品質幾乎就等於維持家族聲譽般，至關重要。或許，這也是酒廠早期發展過程中，於 1850 年獲得荷蘭皇室選為御用香檳品牌，也曾在 1905 年獲得當時奧匈帝國國王 François-Joseph II 認證，成為御用香檳提供者的原因之一。

　　時至今日，儘管自有葡萄園的果實僅能供應安侯香檳約五分之一的需求，但是酒廠仍透過掌握來自二十五個村莊、一百七十多個地塊的頂尖原料，持續以夏多內為主的優雅細緻風格，並透過多樣化的葡萄來源追求複雜度的展現。相較於一般香檳酒廠的夏多內調配平均占比約只有三成，安侯卻是以五至六成的高比例夏多內，同時幾乎很少使用莫尼耶，並搭配高比例的陳年酒液與較長的培養期，試圖讓往往細緻優雅的夏多內也有複雜和深度。

　　近年新加入的女性釀酒總管 Alice Tétienne，則將安侯的品質提升推往葡萄園的層面。比方酒廠針對自有葡萄園及合作種植夥伴的葡萄園，共同展開一系列關於葡萄園土壤結構與微氣候等深入風土的研究，試圖從歷史、分析和技術的角度更深入理解當地風土，並且根據各地的差異在種植方面進行微調，同時正式轉向有機，試圖提高葡萄質量且為環境保護做出貢獻。

　　過去品飲安侯的經驗曾讓我聯想到花木蘭。在高比例夏多內帶來細緻優雅外，還有不讓鬚眉的堅韌颯爽，持續發展和創新，更讓人對歷史金字招牌的未來充滿期待。

Jacquesson 賈克頌

賈克頌香檳創立於 1789 年。傳說中，拿破崙大軍都要在征途前先繞經此廠補充香檳存量後才出征，而因此成為當時的知名香檳酒廠。在之後的歲月裡，賈克頌的歷代主人也開發出用在香檳瓶口的 Muselet（開瓶時要先打開的金屬蓋和線圈，用以防止軟木塞暴衝）。或許正因如此，今日擁有此廠的 Chiquet 家族成員也仍在許多釀酒、製酒的想法上引領潮流，不只自有葡萄園都採有機種植，近年還透過降低外購葡萄比例縮減生產規模，就是希望更掌握原料的品質，搭配木桶發酵和培養，展現整體兼具複雜和細緻的飽滿風格。

例如，有別於一般香檳廠普遍認為無年分香檳該維持品牌一貫風格的看法，如今掌管賈克頌的 Chiquet 兄弟，則認為即便是無年分香檳也該展現出不同年分的各異特色。於是，此廠從 2000 年起推出的無年分香檳，就都以酒廠自創立後百年的 1898 年起算的編號系統依序命名，在無年分酒款的「Cuvée 728」（自 1898 年起所調配的第 728 款酒）中，就以 2000 年的收成為主（約占六成）進行調配，之後推出的「Cuvée 729」、「Cuvée730」，則依序分別以 2001 與 2002 年的收成為核心（以此類推）。該廠的無年分酒款除了因此更能展現單一年分特色外，還被譽為是無年分香檳類型表現最佳的頂尖酒廠之一。這些不同於他廠、不屬於單一固定風味的無年分香檳，也因此成為許多愛好者難以抗拒的收藏對象。

另外，該廠的年分香檳更是少數推出不同村莊地塊單一葡萄園裝瓶的先驅之一。例如以僅 1 公頃的老樹一級園釀成的「Dizy Corne Bautray」，就一直以穩定酒質和獨特風土表現備受好評。

Krug 庫克

　　對某些香檳愛好者來說，世界上可能只有兩種香檳：
一種是庫克香檳，一種不是。那些庫克極端分子（Krugist）
用一種更像是捍衛政治理念或信仰的方式，表現他們對香
檳的執著和堅持。

　　倘若將庫克視為宗教，那麼 1843 年由曾任職於賈克
頌香檳（Jacquesson）的德國移民 Johann-Josef Krug 所創立
的「庫克教派」，似乎並未在創立之初就引來許多熱衷信
徒。然而，善於滿足市場需求卻是庫克一早就具備的強項，
他們注意到，當時市場有許多英國買家希望香檳能具備更
濃郁集中的厚重成熟口感，庫克傳承至今的風格於是在當
時奠基，並且在繼承的家族成員手上，從早期的「Private
Cuvée」，演變為如今在價格和品質上，都足以和他牌的頂
級旗艦酒款匹敵的無年分「Grande Cuvée」。

　　庫克與眾不同的風格，可以被解構為優質葡萄來源
（雖然絕大多數都來自契約農家，而非自有葡萄園），以
及所有酒款都在經過處理（而不會為酒液增添橡木風味）
的 205 公升小橡木桶進行第一次酒精發酵、避免乳酸發酵
以保持酸度、和酒渣在瓶中陳年至少 6 年，再加上調配高
比例陳年酒液。

　　酒廠表示以木桶進行第一次發酵，其實是二十世紀初
期香檳區就普遍採用的方式，由於庫克認為至今仍沒有其
他更好的方式，可以取代木桶發酵帶來的少量空氣接觸，
因此沿用至今。經木桶發酵所得的結構堅實基酒，會在接
下來的漫長瓶中陳年過程持續增添深度和複雜度。

　　另外，庫克產品占最大量的無年分「Grande Cuvée」，
雖然是以某個特定的收成年分為主軸，但不只單一年分的
收成會被依照區域地塊細分成超過兩百種原酒，酒廠同時

還有數量龐大的陳年酒庫,會從中添加酒齡可能超過十年的共一百二十多種陳年原酒。於是,就像作畫時擁有顏色更豐富的調色盤,庫克也因此能組合出一般無年分酒款難以比擬的罕見精緻複雜。精雕細琢出的庫克「Grande Cuvée」,喝起來往往是豐厚濃郁,充滿奶油、烤蛋捲、焦糖與水果乾風味,還有綿長的餘韻和細緻的結尾。除了最經典常見的此酒款,庫克還有 1980 年代推出的粉紅香檳、經過 10 年瓶中陳年後才推出的年分香檳、比正常年分香檳更晚推出(多是和年分香檳同時除渣,但在酒廠的酒窖待上更長時間)的典藏年分香檳「Krug Collection」,以及兩款從面積不大的單一葡萄園精選錘鍊出的白中白「Clos du Mesnil」(只有 1.8 公頃)和黑中白「Clos d'Ambonnay」(僅 0.685 公頃、產量只能有三、四千瓶)。

儘管庫克對酒款的高水準要求無庸置疑，但如今隸屬奢侈精品集團 LVMH 的庫克，也陸續推出一組要價超過百萬臺幣的野餐旅行箱，花上兩百多萬臺幣更能讓八位賓客在 Clos du Mesnil 葡萄園裡的蒙古包旅館住上一晚（可不含淋浴和廁所）等衍生自頂級概念的「周邊」服務。或許對所有酒款都一貫帶有明顯「Krug 風格」的庫克香檳而言，香檳真的只有兩種，一種是庫克，一種不是。

Lanson 蘭頌

蘭頌如今隸屬於香檳第五大酒商集團 Lanson BCC，旗下同時也擁有菲利龐娜（Philipponnat），更是創業於 1760 年的超老字號酒廠之一。十九世紀就受到英國皇室愛用，因此，至今的酒瓶頸上仍能看到刻有伊莉莎白女王二世名稱的英國皇家御用標誌。此外，蘭頌充分展現成熟黑皮諾圓潤飽滿的柔和口感，也受到西班牙和瑞典皇室的歡迎，甚至今日仍是英國市場的銷售常勝軍。

此廠最著名的就是全系列不經乳酸發酵的釀造方式。對於此番堅持，蘭頌的主人曾表示：「五十年前可沒有哪一家香檳酒廠進行乳酸發酵」。由於蘭頌的多數調配都由黑皮諾占比約半數，結實骨架加上清楚酸度勾勒出的鮮明輪廓，往往能在經過較長期瓶中培養後，真正展現帶有酸味的豐潤果實真滋味。

Laurent Perrier 羅蘭

　　這家創建於 1812 年的酒廠，曾在歷經一次世界大戰後面臨必須轉手的命運。後來是由 Marie-Louise de Nonancourt 這位三個孩子的母親一手接下當時瀕臨破產的酒廠，熬過隨後艱難的二戰時刻後，終於由其兒子 Bernard de Nonancourt 在戰後接手家族事業。

　　在他接手的 1949 年，羅蘭在香檳產區眾多生產者中，還只是排名第九十八名的不見經傳小酒廠。半個世紀後，當他在 2010 年離世時，羅蘭香檳已經是旗下擁有沙龍（Salon）和得樂夢（Delamotte）的香檳區第二大酒商集團，僅次於酩悅軒尼詩旗下的酩悅香檳集團（Moët & Chandon）。

　　由於 Bernard de Nonancourt 的知人善任和勇於創新，讓他在香檳產業仍以黑皮諾為主的厚重風格、高糖度的甜味香檳主流之下，發現不同於過往的新口味應該能帶來新的機會，這才奠定了羅蘭香檳以高比例夏多內構成的輕盈淡雅風格，並且早在 1960 年代起就停用木桶，而率先改採鋼槽發酵。

　　結果，口感清新的香檳果然在市場大受歡迎，高比例的夏多內也讓酒款擁有較高酸度，帶來絕佳陳年潛力。曾經在 1889 年的世界博覽會，為因應英國市場需求而推出的完全不補糖的「Sans Sucré」香檳，於 1981 年改以「Ultra Brut」的名稱重新推出，也帶動一波此類商品的流行。此外，羅蘭香檳還在 1958 年推出第一款混和不同年分酒

液的頂級旗艦香檳「Grand Siècle」。由於當時市面既存的頂級香檳多半採用單一年分酒款釀製，因此酒廠在探究調配藝術時發想出此概念。

選用十八世紀初期復古玻璃瓶型的「Grand Siècle」（因此必須以手工除渣），首次推出時混調了 1952、1953、1955 共三個年分，這款只選用最頂級的特級葡萄園果實、將夏多內和黑皮諾比例維持在約各半的酒，成為羅蘭最為人津津樂道的代表酒款。

此外，在多數香檳大廠往往以混和紅酒調配粉紅香檳的同時，該廠卻是採用讓深色葡萄和果汁浸泡一段時間再壓榨，也就是所謂「放血法」（saignée），果實風味深厚的粉紅香檳，也是該廠特色之一。

名列最稀有珍貴的粉紅香檳之列的「Cristal Rosé」，新年分已經開始使用部分以自然動力法種植的黑皮諾，釀造過程也不刻意以乳酸發酵柔化酸度。

Louis Roederer 路易侯德爾

　　世界知名的香檳達人理查·卓林（Richard Juhlin），曾在其著作《香檳指南》（*Champagne Guide*）給了此酒廠毫不掩飾的直接讚譽：「在我看來，路易侯德爾是所有香檳區酒廠最好的四家之一」，甚至盛讚他們的酒「每個年分都令人驚豔」。

　　實際上，這樣一家傑出的酒廠自 1760 年走來卻並非一帆風順。創始之初以 Dubois Père & Fils 為名，到了 1833 年才轉手，並改名為今日的路易侯德爾，此時開始幸運地在俄國市場大受歡迎。俄國的成功替此廠帶來一體兩面的影響，當時酒廠備受貴客沙皇亞歷山大二世的喜愛，不僅成為沙皇御用的香檳供應廠，沙皇的酒侍甚至會每年親自造訪酒廠，以確保最頂級的收成都會保留給沙皇的香檳。

　　也為了滿足沙皇的需求，路易侯德爾才在十九世紀末，推出了第一款實質上的「頂級旗艦酒」——「Cristal」。這款酒當時創新大膽地裝在透明水晶玻璃瓶裡，不僅有著不同於其他香檳的外貌，透明玻璃瓶也讓氣泡和酒色更容易觀賞，酒瓶底部還做成平坦無凹槽的設計（據說是為了避免讓想要在酒中「加料」的刺客有機可乘）。誰知道，亞歷山大二世於 1881 年遇炸身亡和隨後的革命，不僅讓該廠比今天「Cristal」酒款要甜上十五倍的甜味香檳，一夕之間沒了市場，貴客甚至還留下不少未清償的貨款，讓公司備受打擊。

　　直到 1928 年，路易侯德爾才又開始嘗試小量生產「Cristal」。此後，此酒款便以「沙皇香檳」的稱號在全球廣受歡迎，不但再度成為名流貴客的最愛，就連在 1974 年加入的粉紅版「Cristal Rosé」，也以稀少產量和泡皮浸製的釀造方式，名列最稀有珍貴的粉紅香檳。

對如今已名列香檳區第六大酒商集團、年產量動輒數百萬瓶的大規模名廠而言，此廠卻是除了最基本款的「Brut Premier」以外，全數使用自有葡萄園果實的罕見名廠。由於身為香檳區少數坐擁 200 公頃以上葡萄園的「大地主」，因此自家葡萄園可供所需約七至八成的果實，一方面維持了財務和品質方面的穩定無虞，一方面也成為實驗不同耕作方式的優勢，和提升品質的重要驅動力。

一如葡萄園和酒窖總管 Jean-Baptiste Lécaillon 所言，酒廠近年來改變最多的主要是在葡萄園。酒廠在 2001 年起，就實驗性地以自然動力農法進行小規模種植，甚至在歷經失敗和挫折後，仍然在 2006 年不屈不撓地重啟自然動力法。如今，路易侯德爾的葡萄園不僅已有九成採有機種植，同時還是香檳區內擁有最多自然動力法葡萄園的酒廠。未來也希望領先所有香檳生產者，發展自然動力的葡萄育種園。

此外，除了基本款的「Brut Premier」，酒廠的其他基酒一般也不經乳酸發酵，以保持更清新純淨的風土表現。由於路易侯德爾擁有的超過四百個地塊的收成也會個別發酵，代表酒廠同樣有數量龐大的各種陳年原酒，可以為最終的調配帶來複雜和深度。而「Brut Premier」常見的更柔順甜美風味，也被認為是大型木桶中陳年原酒的功勞。

相較於其他大型酒商，路易侯德爾從種植和葡萄園方面的品質提升，以及透過以特定葡萄園果實釀酒的方式，都讓風土表現方面擁有其他大廠罕見的優勢。就連在釀造上，曾經以黑皮諾為主，並搭配豐潤飽滿水果風味的過往風格，如今也逐漸走向更清新、帶有更細密質地，並且轉為呈現更多細節與深度，讓人充滿期待。對一家從十九世紀至今仍由家族成功經營的香檳酒廠而言，路易侯德爾顯然深知，品質永遠是重生的關鍵。

Mailly Grand Cru 瑪逸

在數目眾多的香檳酒廠當中，瑪逸香檳是一家許多方面都相當特殊的酒廠。首先，這家以產酒村莊為名的酒廠，是香檳區現存的六十多家生產者合作社（Coopérative de Manipulation，CM）酒廠之一，由栽種葡萄的葡萄農於 1929 年共同成立。另一方面，酒廠目前擁有七十多位會員農家，並坐落在漢斯山區（Montagne de Reims）的 Mailly 村，由於會員所擁有的 70 公頃，都屬於這座被評為百分之百特級葡萄村莊（Grand Cru），因此除了近期新添的白中白酒款，所有酒款都是只使用產自此村的葡萄釀成，相當能表現單一村莊特色的特級村莊酒款。

儘管香檳產區過去因受天候等自然條件限制，而在品種、年分及產酒村莊都形成以「調配」為主流的概念，但是隨著時代變遷、消費者需求的改變，訴求單一村莊、單一品種，乃至於單一葡萄園的酒款，反而在近年因為相對罕見而備受歡迎。而在以黑皮諾為主，並位於漢斯山區位置偏北的 Mailly 村，更因為多數葡萄園都坐落於北向山坡，使得當地生產的黑皮諾往往需要更長時間才能緩慢成熟；再者，

葡萄園容易受春霜影響，因此產量比其他村莊更低，讓葡萄能有濃郁的風味。黑皮諾常讓人聯想到的豐厚健壯酒體和濃郁奔放的果實風味，在這裡也以更明顯的酸度呈現出相對謹慎的風貌。

　　今日的瑪逸酒廠，訪客們可以看到當初由所有會員農家在冬季非農忙季節、親手合力挖掘出的地下酒窖。種類多元的各色酒款當中，多數是以黑皮諾為主軸，搭配少部分夏多內調配而成的酒款。但是，其中只使用黑皮諾葡萄釀成的黑中白「Blanc de Noirs」，或許因為添加了少部分以木桶發酵的酒液，而成為帶有土地和礦物風味的突出酒款。另外，被視為酒廠旗艦酒款的年分香檳「Les Échansons」，則是以產量相當有限的 1930 年代老樹果實，打造出 Mailly 村獨有的細膩層次和寬闊景致。

Moët & Chandon 酩悅

對某些人來說，如果只能用一個品牌代表香檳，酩悅香檳很可能就是唯一的選擇。事實上，不只是酩悅單一品牌的年產量早就超過三千萬瓶，廣告詞也從曾經的「全球平均每六秒，就有一瓶酩悅香檳被開啟」，到今天的「全球平均每一秒」，旗下擁有香檳王（Dom Pérignon）、庫克（Krug）、慧納（Ruinart）、凱歌（Veuve Clicquot Ponsardin）等品牌的酩悅集團，更是香檳區銷售額第一名的酒商集團。

但是，酩悅的起始其實是由 Claude Moët 在 1743 年創建的 Moët 酒廠，當年創業不久就吸引到名流龐巴度夫人（Madame de Pompadour）為產品「代言」，宣稱喝了這種酒之後可以讓女人更美、男人更有智慧；當然，那是在「名人代言」、「葡萄酒療效」還未受到控管的言論自由年代。進入十九世紀後，該公司更讓與拿破崙交好的 Jean-Rémy Moët 掌舵，拿破崙在 1807 年首度造訪酒廠之後便頻頻到訪，甚至讓老闆在酒廠對面專程蓋了以凡爾賽宮為雛形的

專用招待寓所 Le Trianon Palace。強而有力的「政商關係」顯然不是現在才有的新玩意兒。

1833 年，公司因為新東家的加入而由原本的 Moët 更名為今天的 Moët & Chandon，酒廠接著先是在 1842 年，首開先例推出單一年分香檳，接著又以向拿破崙表示敬意為由，在 1863 年以 Brut Impérial 作為產品名和商標。進入二十世紀後，隨著 Brut Imperial 在全球各地廣受歡迎，酒廠接著更以香檳王（Dom Pérignon）為名，推出首款所謂的「頂級香檳」，並在 1970 年代和烈酒品牌軒尼詩聯手，成為全球最大精品集團 LVMH 的一員。

儘管歷史背景顯赫，如今掌管酩悅香檳的酒窖總管 Benoît Gouez 卻大膽表示，未來酩悅的年分香檳，將在他手上更展現出不同年分的特色，甚至可能讓不同年分之間的差異更明顯。比方過去自 1842 年起，基本上依照平均比例進行的調配，在進入新世紀後出現了明顯改變。在 2000 年的世紀年分當中，夏多內的調配比例占了一半；到了氣候異常的 2003 年，酒廠更罕見採用了近一半的莫尼耶葡萄作為調配主體推出年分香檳。不顧對莫尼耶輕忽的主流意見，Benoît Gouez 反而認為莫尼耶葡萄才是三個品種中最具挑戰，甚至被許多人錯估的品種，他認為「應該把它當做白品種對待，就能有優雅的表現」。

憑藉著在香檳產區擁有超過 1,000 公頃的葡萄園，以及固定購買的葡萄來源，酩悅釀酒團隊每年都有八百種以上的原酒可供調配，也因此能維持酒質穩定。酒廠近年為了推廣飲用場景，甚至介紹了多款以香檳為基酒的調酒。全球銷售第一，果然名不虛傳。

Mumm 夢

　　和許多建立於十九世紀的香檳廠一樣,夢香檳也是由來自德國的 Mumm 家族成員在 1827 年於香檳區建立。不同的是,在夢香檳歷經十九世紀後半期的盛況,銷量從五十萬瓶激增至六倍的三百萬瓶,成為當時全球銷售最佳的香檳之際,突如其來爆發的一次世界大戰,卻讓該酒廠因為未歸化法國籍,而遭到資產被法國政府充公的尷尬處境。

　　夢香檳曾在二十世紀初廣受荷蘭、比利時、丹麥與瑞典等多國皇室喜愛,也曾在 1904 年被指定為英國皇室御用香檳,甚至今日仍在英國女王伊莉莎白二世御用香檳之列,因此瓶頸上同樣標示著皇室徽章。

　　目前和皮耶爵(Perrier Jouët)同屬於香檳區第四大酒商集團保樂力加(Pernod Ricard)旗下,夢香檳除了自 1876 年起就推出瓶身標示象徵拿破崙紅勳章的紅帶「Cordon

Rouge」無年分香檳系列，採用來自一百二十個地塊的收成，構成延續酒廠清新淡雅的柔順風格。此外，酒廠還在 2020 年迎來了曾在安侯香檳（Henriot）擔任酒窖總管的 Laurent Fresnet 接任酒窖總管，他還曾連續於 2015 與 2016 年獲選國際葡萄酒競賽（International Wine Challenge）年度最佳氣泡酒釀酒師，新官上任將給夢香檳以黑皮諾為主的傳統風格帶來何種新氣象，值得期待。

Perrier Jouët 皮耶爵

這絕對是能讓人過目不忘的最美麗香檳酒瓶，對醉心於新藝術（Art Nouveau）風格的人來說尤其如此。1902 年，當時的名家 Emile Gallé 特別設計的百合花圖案，不僅象徵皮耶爵名為「Belle Époque」（意為花漾年華）的這款酒，以夏多內為主的調配，也成為少數單靠「外表」已經充分讓人迷醉的酒款。

說起來，由 Pierre-Nicholas-Marie Perrier 在 1811 年創立的皮耶爵香檳（Jouët 為創立者妻子婚前的舊姓），並非一開始就有如此絢麗的登場。雖然在創業後不久的十九世紀後半，皮耶爵香檳已經將自家香檳打入英國維多利亞女王及拿破崙三世的宮廷，並成為外銷英國的重要香檳酒廠。當時掌管酒廠的家族繼承人 Henri Gallice，曾在 1888 年寫給澳洲酒商的一封信中驕傲地提到，自己從未把錢花在酒的廣告宣傳，並且堅信酒的高品質才是最好的廣告。

然而，根瘤蚜蟲病害的肆虐和英國市場愈趨激烈的競爭，卻逼得他不得不改弦易轍。於是，他在 1902 年委託 Emile Gallé 為年分香檳設計特殊的酒瓶，基於皮耶爵酒款是以略高的夏多內比例為基調，Gallé 手繪

出令人聯想到夏多內葡萄的新藝術風格花卉圖案。令人驚豔的設計卻在完成時，因為沒有合適的生產廠商，加上香檳市場的突然衰退而被打入冷宮。默默地在地下酒窖塵封近六十年後，直到 1960 年才又發現此酒瓶設計，並終於在半世紀後用在 1969 年推出的第一款 1964 年分的「Belle Époque」，從此聲名大噪。

如今此酒除了是皮耶爵最具代表性的酒款，1976 年還在同系列加入粉紅版。另外，在少數夏多內的特優年分，酒廠會推出更稀有的白中白。或許因為「Belle Époque」的夏多內有八成來自 Cramant 村，而黑皮諾則有六成來自 Mailly 村，因此不同於其他多數旗艦酒款的厚重飽滿風格，此酒款往往是以纖細輕柔的水果風味表現出輕盈優雅，同時能細緻地陳年。

除了以「Belle Époque」風靡全球，皮耶爵還在 1990 年將位於艾培內（Épernay）的酒莊宅邸，改造為 Maison Belle Époque。在這棟儼然活生生的新藝術美術館的宅邸裡，由兩位藝術家花了七年時間，協助搜羅超過兩百件新藝術時期收藏，以史上最大的私人新藝術時期藏品的規模，讓四間客室加上完整的起居空間、庭園、餐室，都飄盪著屬於過去美好年代的藝術氛圍。

1825 年皮耶爵——金氏世界紀錄現存最老香檳登錄，目前據稱酒廠酒窖中還存有兩瓶，然而，每次開啟一瓶「Belle Époque」之際，人們仍然得以懷想其所代表的美好年代。

Philipponnat 菲利龐娜

　　早在 1522 年便於該區扎根的 Philipponnat 家族，曾經是路易十四的膳食供應商，但是同名香檳酒廠卻在 1910 年才由 Pierre Philipponnat 設立。創建酒廠的 Pierre 在 1935 年買下 5.5 公頃 Clos des Goisses 葡萄園，並且很快地認清這塊葡萄園的獨特之處，更在當時前所未見地將這塊葡萄園的收成單獨裝瓶。果然，獨特的風土環境和酒款型態，讓這款酒迅速聲名大噪，至今仍是菲利龐娜最著名的明星酒款。

　　位置偏北的香檳產區，在全球暖化之前常遭遇葡萄不夠成熟的問題，但是此廠的 Clos des Goisses 卻是得天獨厚的南向，同時兼有平均 45 度的坡度，不但坐擁長時間的直射日照，周圍還剛巧有山脈屏障寒氣，以及河流調節氣溫，讓此葡萄園幾乎年年都能產出單一年分酒款（過去三十年只有 1977、1981、1984 與 1987 年缺席），就連葡萄園映

在河裡的倒影，都恰恰呈優雅的香檳瓶型！

這塊種有七成黑皮諾和三成夏多內的葡萄園，傾斜的陡坡不只會讓人爬得氣喘吁吁，收成時甚至須以命相搏（葡萄園周圍必須架起救生網，以防手工收成的工作人員不慎摔落）。擁有絕佳成熟度的果實，接著會分別以木桶和鋼槽進行發酵與陳年，還會特別避免乳酸發酵以保留更多鮮明的酸度。經過 8 ～ 10 年的酒窖陳年之後，才推出上市的「Clos des Goisses」，於是成為許多行家眼中往往至少需要 20 年才能真正發揮實力的該廠經典。

縱使漫長的陳年可能讓香檳的氣泡失去活力，但「Clos des Goisses」可不是一款普通的香檳，據說連擔任酒廠 CEO 的家族成員 Charles Philipponnat 都曾表示：「對這款酒而言，氣泡並不很重要」。

這款更適合視為葡萄酒而非香檳的「香檳」，當酒款年紀還輕（未滿 15 或 20 年），又沒有酒廠建議的在飲用十二小時前先開瓶的雅興，那麼高於一般香檳的飲用溫度（適用於頂級白酒的攝氏 12 ～ 14 度），乃至於先用醒酒瓶醒酒，都是標準的「行家」侍酒手法。以我品嘗的稚齡一十的「Clos des Goisses 1998」而言，酒款已經在蜂蜜、花朵和礦物質的風味包裹下表現出豐厚的質地，充分成熟的 1980 年則是開瓶後立即展現二八芳齡的複雜精細，奶油、榛果、巧克力、蛋捲與花生糖等層出不窮的香氣變化，讓這款

酒儼然是一道絕妙的甜點，綿密細巧的酸度則說明美人風華仍盛。

　　除了領頭的巨星「Clos des Goisses」之外，菲利龐娜主要以黑皮諾為主的其他酒款，也都承襲酒廠兼顧豐潤水果和清爽酸度的風格，用刻意避免乳酸發酵維持完熟黑皮諾的潤澤飽滿。在我看來，菲利龐娜其他酒款豐盈討喜的風格，正好是襯托出「Clos des Goisses」與眾不同明星氣質的最佳對比。

Piper Heidsieck 拍譜

　　1834 年由 Christian Heidsieck 設立的拍譜香檳、1851 年由 Charles-Camille Heidsieck 主導的 Charles Heidsieck，以及 1860 年才登記的 Heidsieck & Co. Monopole，事實上都要追本溯源至 Florenz-Ludwig Heidsieck 在 1785 年所創設的同一家香檳酒廠，但是百年多來的世事變遷，卻讓如今的三家酒廠各自走上屬於自己的路。

　　今天的拍譜香檳儘管和 Charles Heidsieck 同屬於人頭馬君度集團（Rémy Cointreau），但酒款卻各有不同特色。拍譜香檳強調豐潤又清爽柔順，並帶有甜美易飲水果風味的特質，不只在 1950 年代吸引女星瑪麗蓮夢露道出：「睡前我擦香奈兒五號香水，醒來我要一杯拍譜香檳」的宣言；還在兩度獲選為國際葡萄酒競賽（International Wine Challenge）「年度最佳酒窖總管」的 Régis Camus 努力之下，讓無年分的紅標「Cuvée Brut」以柔順豐盈的口感廣受喜愛，並且自 1993 年起就是坎城國際影展的官方指定香檳，成為紅毯上的常客。

Pol Roger 寶林杰

當今天許多企業往往要千方百計以大筆預算才能請來名人代言，換來短暫的合作關係，至今仍由家族經營的寶林杰香檳卻早在上個世紀，幸運擁有英國民眾心中「最偉大英國人」——已故首相邱吉爾身為頭號粉絲。

邱吉爾和寶林杰香檳之間的緣分，不只因為這家由寶林杰在1849年創立的酒廠原本就鎖定英國為最重要的出口市場，早在邱吉爾名聲未盛的1908年，他已是寶林杰的愛飲者。及至1944年，邱吉爾認識當時酒廠女主人Odette Pol Roger後，讓他難忘的就不只是當天午餐喝到的1928年「Pol Roger」，兼有美貌和智慧的金髮碧眼Odette，也和當天的酒款一起，從此與邱吉爾結下不解之緣。

因為和邱吉爾的私人情誼，寶林杰香檳不只在他過世那年將出口至英國的無年分酒標改加黑框以為哀悼，更在1984年推出同名的頂級旗艦香檳「Cuvée Sir Winston Churchill」以為紀念，第一個年分正是邱吉爾逝世十週年的1975年。對今天的香檳愛好者來說，該廠除了有據稱以邱吉爾偏好的豐潤厚實口感為藍本釀出的「Cuvée Sir Winston Churchill」守住名廠招牌之外，酒廠以黑皮諾為主的調配，不論是占比約六成的單一年分香檳，或表現飽滿酒體和均勻水果風格的白中白香檳，都維持著一貫優雅的風格和不墜的品質。

部分酒評家認為，釀製方法和葡萄來源都並不特別出奇的寶林杰，主要是靠著絕佳的基酒調配，以及在平均溫度較其他酒廠略低的均溫攝氏9.5度酒窖的足時培養，才讓發酵和熟陳都能更緩慢地進行，讓酒生出細膩風味和氣泡。

事實上，在看似普通的葡萄來源嚴格篩選、不急切地等酒款真正成熟才上市，寶林杰堅守的不過就是一些常被忽略的簡單祕訣，恰好也是維持品質的重要關鍵。

Pommery 波茉莉

　　曾經只是一家創立於 1836 年的小酒廠（1856 年 Pommery 家族加入才更名為現今之名），波茉莉後來卻是在精明幹練的寡婦 Madame Pommery 手上，於十九世紀成為香檳區最知名的品牌。當時這家酒廠不只成功外銷至英國且備受好評，還在 1874 年為了滿足英國市場需求，大膽地在甜味香檳蔚為主流的彼時，率先推出口感為不甜（Brut）風格的香檳，奠定了之後百餘年的新香檳風格基礎。

　　如今，隸屬於香檳區第三大酒商集團 Vranken 旗下的波茉莉，仍保有當時由 Madame Pommery 下令建造的酒廠和酒窖，甚至有以其為名的頂級年分香檳「Cuvée Louise」向先人致敬。另一方面，強調輕巧細膩風格、著重清新水果風味和活潑口感的波茉莉，近年也積極推出不同產品線，試圖全面性滿足不同消費層的需求。例如讓用吸管喝香檳也蔚為時尚的「Pommery POP」系列、建議加冰飲用的甜味香檳等，都是老牌酒廠試圖積極吸引眼球的全新突破。

Ruinart 慧納

　　如果 Nicolas Ruinart 當年沒有在法王路易十五准許香檳以瓶裝出口（而非先前必須以桶為單位）後，率先在隔年的 1729 年創建史上第一家香檳酒廠，那麼今天的香檳不知道是否還能擁有如此繁榮興盛的景象。

　　這位香檳酒廠祖師爺的靈敏商業嗅覺非比尋常，儘管他也和當時其他許多陸續加入的酒廠一樣原是以織品生意起家，隨後因兼營的香檳太受歡迎才專營香檳酒廠。歷經幾世代的家族經營，成功開拓美、俄等出口市

場，歷經二十世紀的戰爭摧殘後，慧納香檳也走上其他家族經營香檳酒廠的命運，在 1950 年代面臨經營困難，並在 1960 年代轉手賣給當時的酩悅香檳（Moët & Chandon），如今隸屬 LVMH 精品集團。

然而，對有意造訪香檳地區的遊客來說，慧納酒廠地底深處的羅馬時期白堊酒窖，無疑是深具拜訪價值的歷史古跡；另一方面，在精品集團掌舵之下，酒廠在產品和行銷方面也都更與時俱進地適應市場需求。維持調配以夏多內為主的輕盈優雅風格和略帶燻烤風味的特色，尤其以無年分白中白「Ruinart Blanc de Blancs」最具代表性。使用十五至二十個村莊的一級葡萄園果實調配出的這款香檳，擁有迷人的花朵和柑橘類水果香氣，以及不同於一般白中白香檳的豐潤口感，都讓酒款感覺更像白酒，而非香檳。

此外，以十八世紀復古瓶裝的無年分香檳「Ruinart Rosé」，也有讓人印象深刻的輕巧可愛紅色莓果鮮潤風味。至於頂級旗艦香檳「Dom Ruinart」，由於粉紅香檳也是以白中白為調配的基礎，因此比其他粉紅香檳帶有更多夏多內特色。另一方面，選用來自白丘（Côte des Blancs）和漢斯山區（Montagne de Reims）兩地的夏多內，又讓酒款呈現不同於一般多只以白丘夏多內製成的獨特風格。這些表現出清新優雅酒廠風格且強調迷人花果香氣的頂級粉紅香檳，不但經過更長的酒窖陳年時間，也有絕佳陳年潛力。

Salon 沙龍

如果愛子（女）心切的父母想要在孩子誕生時，就選購可以留給兒女婚禮飲用的香檳，沙龍香檳肯定是不能錯過的絕佳選擇。只要為酒準備好適切的儲存環境，同時別讓孩子太早婚。

會有這樣的想法，不只因為這是許多酒評家公認至少須陳放 15 ～ 20 年才能真正展現能耐的頂級香檳，品嘗過六千多款香檳的全球香檳達人理查‧卓林（Richard Juhlin）的「史上百大香檳」排行中，沙龍香檳更是少數以四個不同年分（1947、1953、1955、1959）獲選的酒廠。即便從我所接觸到的兩款出身不同、芳齡都才二十的 1988 年沙龍香檳的截然不同表現來看，儲存得當的二十歲酒款才正以豐盛的奶油、香草與蛋捲等香氣，在濃厚的力道中維持絕佳的清爽均衡口感，全然只是青春正盛。另一方面，不同出處的同一款酒則已經充分成熟地帶有飽滿壯盛的焦糖風味，複雜多層，但已屆壯年。

　　然而不管怎麼說，這都是香檳收藏家們早就耳熟能詳的酒款，一如其他具有收藏價值的葡萄酒，「Salon」也是一款與眾不同，並且能同時展現細緻和力道、優雅和複雜又以獨特和稀有性聞名的頂級香檳。

　　這樣的珍品之所以能誕生，往往因為「興趣」；無心插柳的看似隨意，正是限制和框架之所以能被打破的根源。1911 年做出第一款香檳，之後設立酒廠的 Eugène-Aimé Salon，其實是從小生長在香檳的當地居民，因為幼時常跟著在酒窖工作的連襟忙進忙出，長大之後在棄教職改為從商而經營毛皮生意有成後，決定以手頭上的資金在 Le Mesnil sur Oger 村（百分之百特級葡萄園夏多內）買下一塊葡萄園，一圓自己兒時的夢想，創造理想的完美香檳。

　　因為只是「興趣」，沙龍香檳一開始完全按照老闆的個人意志，只用所在村莊最有名的夏多內品種、只在適合的年分生產、只做一款單一年分香檳。這些有違香檳產區混和年分、品種、不同村落果實調配的作法，不只造就了如今廣為人知的第一款來自單一村莊、表現單一品種和風

土的香檳，還成就了在一個世紀裡只做出三十多個年分的稀有經典。再加上主人追求完美的個性，這些一開始只是「興趣」的香檳逐漸受到歡迎。經由友人的口耳相傳，毛皮商人在應接不暇的訂單之下，成為專業的香檳酒廠主人，這款首度以商業規模推出且很可能是歷史上第一款「白中白」香檳，也是1920年代巴黎最具代表性的美心餐廳（Maxim's）專用香檳。

如今，和隔壁的姐妹酒廠得樂夢（Delamotte）同屬於羅蘭（Laurent-Perrier）集團，在遇到葡萄品質不足以生產「Salon」的年分，將平均樹齡超過五十歲的自有葡萄園果實挪做得樂夢香檳之用。不用木桶，也不鼓勵乳酸發酵的沙龍香檳，會以遠超過法規的長時間酒窖陳年（10至12年）讓酒款的結實酸度緩慢發展。不過儘管如此，經過10年陳放在2008年4月才上市的1997年分仍然讓我堅信，雖然這些酒目前也已經充分「適飲」，但仍是一款只能在市區速限下緩慢龜行的極致性能跑車，想要感受在路況絕佳的高速公路上以極速奔馳的滋味，還是耐心地再等等吧！

Taittinger 泰廷爵

「我們是一家夏多內公司」接受
此次採訪的泰廷爵香檳總經理 Pierre-
Emmanuel Taittinger 一見到我，開門
見山就這麼說。所謂「夏多內」指的
不僅僅是泰廷爵最為人稱道的頂級旗
艦酒款——伯爵特級香檳「Comtes de
Champagne」，這是一款只用夏多內
釀出的白中白香檳，即使是產量最大
的無年分香檳「Brut Réserve」，也以
近四成的高比例夏多內調配，打造出
品牌以花果芳香和柔滑細緻質地為主
的輕盈優雅風格和柔順口感。

夏多內風格的形成和酒廠的過往
也有點關係。泰廷爵早在 1743 年就
以 Fourneaux 的名稱存在，實為一間古
老香檳酒廠。到了 1932 年才被 Pierre
Taittinger 買下並更名為泰廷爵。大戰
結束不久後的混亂時局，他甚至進一
步添購了許多葡萄園和物業。曾經屬
於香檳伯爵的府邸恰好也在此時落入
Taittinger 家族之手。

於是，一方面為了紀念歷史上真
有其人、並且是傳說中將夏多內葡萄
帶到香檳區的 Thibaud IV 伯爵，另
一方面，當時在家族企業挑大樑的
Claude Taittinger 也正好在造訪美國的
旅途中，發現新的消費者似乎更偏好

可樂、雞尾酒等不同於當時主流香檳以黑皮諾厚重風格為主的輕巧型飲品。於是，催生了以 1952 年為第一個年分的「Comtes de Champagne」（伯爵特級香檳），這款當時還算相當罕見的頂級白中白香檳。

此外，儘管該廠在香檳區的三十四個村莊，共擁有 288 公頃葡萄園，但全數採用特級葡萄園夏多內釀成的「Comtes de Champagne」，仍相當仰賴其他像來自 Avize、Oger、Cramant 等村莊的夏多內，因此不只相當程度須仰賴契約葡萄農，泰廷爵也成為使用最多來自白丘（Coté des Blances）地區頂級夏多內的大型酒商之一。

在釀造上，「Comtes de Champagne」通常會經乳酸發酵，且只有不到 5% 的酒液會經過 2 ～ 3 個月的短期木桶（三分之一新桶）培養，是以能有柔滑質地與細膩氣泡，並帶有香草、太妃糖等甘甜的香氣和口感，不同於其他可能酸度更突出的白中白，或明顯帶有酵母、烤麵包與蛋捲香氣的濃郁型香檳，而成為多數人都能接受的頂級白中白。來自特級葡萄園的精選果實、偏低的單位產量，甚至在二次發酵過程混入的微量氧氣，都讓「Comtes de Champagne」不但有絕佳的陳年潛力，還能在長期熟陳之後不失新鮮。以 1966 年為第一個年分，黑皮諾通常占比七成的粉紅版「Comtes de Champagne」，往往也在經過長期陳年後有很高評價。

就像 Pierre-Emmanuel Taittinger 說的：「難道你能把畢卡索、馬蒂斯或梵谷放在一起比較？」泰廷爵以夏多內建構出的獨特優雅輕柔型，也傲然在眾多香檳品牌，獨樹起廣受歡迎的自家風格。

Veuve Clicquot Ponsardin 凱歌

　　這家在 1772 年由凱歌夫人的公公 Philippe Clicquot 創設的公司，最初只是在布料生意之餘兼營葡萄酒買賣的酒商，但隨著繼承家業的兒子英年早逝，公司才在接管生意的凱歌夫人手上逐漸擴張（詳見第 40 頁，〈傳奇香檳貴婦——凱歌夫人〉），隨後不但成為十九世紀中期專營香檳的知名品牌，更以強大的出口實力將酒廠推進香檳區前五名，並且在 1986 年加入 LV 集團，成為香檳第一大酒商集團的一員。

　　凱歌香檳的特徵是由占比通常在五至六成的黑皮諾，建構出酒體最主要的豐潤架構和飽滿果味；畢竟，凱歌所擁有的最大面積葡萄園就集中在黑皮諾大本營的漢斯山區（Montagne de Reims）。此外，占比約在三成的夏多內和其餘的莫尼耶，則分別負責帶出酒款的細緻質地和礦物質骨幹，並且扮演添香及柔和口感的角色。除了有高比例的特級和一級葡萄園提供頂級原料，凱歌也透過添加高比例的陳年酒液（約三成）、比法規更長的瓶中陳年時間（無年分至少 30 個月、年分香檳則至少 5 年）來塑造酒款固有的風格。

　　對我而言，經常在烤麵包、酵母風味之外，還有明顯蘋果香氣的凱歌酒款，雖然只在鋼槽發酵，卻常有黑皮諾的飽滿結實，以及絕佳的酸度確保陳年潛力。此外，凱歌年分香檳素來被認為是最物超所值年分香檳之一，也曾讓我驚豔。而早在 1775 年就因「粉紅香檳」出貨紀錄（雖然當時只是添加某種增色的糖漿），享有「粉紅香檳始祖」稱號的年分粉紅，乃至於頂級旗艦的粉紅香檳「La Grande Dame Rosé」，也都是有絕佳陳年潛力的頂尖佳釀。

生產者香檳
Grower Champagne

　　對小型生產者來說，葡萄園的所在位置常和酒廠所在地有密切地緣關係。他們的葡萄園往往只有數公頃或十數公頃，由於產量也相對有限，因此酒款表現可能更容易受極端天候影響，同時年分差異也可能較明顯。

漢斯山區（Montagne de Reims）

　　儘管這是一個以種植黑皮諾聞名的產區，但是在廣達 8,000 多公頃的葡萄園中，黑皮諾的實際種植比例卻僅占約四成。這是因為此區的葡萄園多位於山坡，其實擁有複雜的土壤結構和日照條件，例如在部分含較多白堊土的區塊，就會選擇種植更適合的夏多內。不同的葡萄園坐向和日照條件，也讓該區的不同村莊能有各異風格，在氣候考驗愈趨嚴苛的今日，尤其重要。

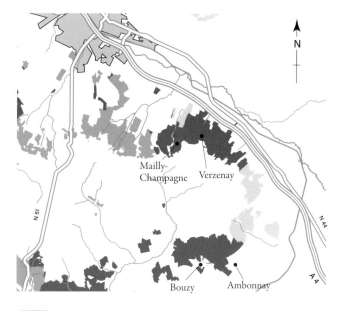

　　　　夏多內

　　　　皮諾莫尼耶

　　　　黑皮諾

André Clouet 安德烈庫埃

　　早在生產今天讓瑞典皇室中意的香檳之前，幾代前的 Clouet 家族就已經是 Bouzy 村紅酒的生產者。靠著不過三代人的努力，這家在 Bouzy 和 Ambonnay 兩村擁有頂尖葡萄園的生產者，讓自己的香檳不只被全球著名的香檳達人理查・卓林（Richard Juhlin）在其著作譽為「堪比伯蘭爵（Bollinger）的風格和品質」，還在 2004 年因為受到瑞典國王的喜愛，讓香檳成為國王六十大壽壽宴的重要配角，就連莊主都受邀成為國王壽宴的座上賓。

　　在眾多酒款中，以百分之百黑皮諾釀製、混和不同年分收成的「Un jour de 1911」，是為了向上世紀頂尖年分 1911 致敬而推出的旗艦酒。以最精選的十個 Bouzy 村地塊收成打造，不只充分展現此村的豐厚飽滿，還搭配古意盎然、充滿巧思的特殊稻草外包裝。

Egly-Ouriet 埃格麗梧利耶

香檳名莊埃格麗梧利耶（Egly-Ouriet）早早就和傑克賽樂斯（Jacques Selosse）、拉曼帝貝尼爾（Larmandier Bernier）並列，幾乎具備膜拜酒莊地位。由 Francis Egly 在 1980 年接手後，打造出今日盛名。

位於 Ambonnay 村，由於最主要的葡萄園也坐落在此，因此酒款除了有一款是以百分之百皮諾莫尼耶釀成，其他多數酒款都是以黑皮諾為主（占比約七成），尤其以來自 Ambonnay 村的單一老樹葡萄園黑皮諾釀成的「Blanc de Noirs」（黑中白），更被譽為此類型的極致之作。另外，此廠不只有可愛迷人的粉紅香檳，連靜態的無氣泡黑皮諾紅酒都相當受歡迎。

除了秉持自然派的農法和釀造，盡可能產出低產量和完熟果實以外，莊主也認為許多自家酒款更適合以木桶發酵，再搭配較長的瓶中酒渣培養，因此造就偏濃郁強勁、相對具陳年潛力，但又不失細雅的風格。

Gatinois 嘉廷諾

　　儘管實際坐落於常被劃為瑪恩河谷（Vallée de la Marne）地區的特級葡萄園村莊 Aÿ，但此處仍和種植品種及風格都更為接近的漢斯山區並列。該廠不只有自十七世紀至今的十二代葡萄農家族傳承，還有盡屬 Aÿ 村的特級葡萄園，以及高比例的老樹葡萄園，以其打造出濃郁不失優雅、有結構且具陳年潛力的酒廠特色。

　　由於在本世紀接下酒廠的第十二代現任莊主 Louis Cheval 曾是地質學家，對村內的土壤結構瞭若指掌自不在話下。加上老樹本身的果實更容易維持自身均衡，以及不澄清、不過濾的傳統嚴謹製酒，使得此廠主要以黑皮諾為主體的酒款，也被認為是理解 Aÿ 村風格的絕佳範例。

　　無年分酒款的黑皮諾占比往往高達八成，就連在年分香檳的占比都可能有六成之多，偏高的黑皮諾比例也讓酒款往往展現更濃郁的色澤，搭配豐潤圓熟的口感，也被認為是更適合佐餐的香檳。此外，無氣泡黑皮諾紅酒也擁有和布根地比擬的優異品質，據稱，此廠品質優異的葡萄除了供自家釀酒之外，也是知名大廠鎖定的葡萄來源之一。

Vilmart & Cie 威瑪

　　創立於十九世紀的威瑪，不只早在
1970 年代已率先採有機耕作，自現任莊主
Laurent Champs 於 1990 年代接棒後，更積極
擔任推廣有機和永續農業的旗手。旗艦酒款
兼具力道和優雅的迷人風格，尤其被視為生
產者香檳中水準頂尖的代表酒廠之一。

　　由於威瑪的葡萄園都位於酒廠周圍約
800 公尺以內的近距離範圍，且因土壤多含
白堊土，因此罕見地在黑皮諾大本營的漢斯
山區，種植面積仍有高達約六成為夏多內。
由於自然派種植所得的果實能有絕佳成熟
度，因此該廠不只採木桶發酵，還刻意避免
乳酸發酵，好讓酒液保有鮮潤明亮的酸度。
飽滿豐潤又有結構的風格口感，被酒評家拿
來和同樣以木桶發酵聞名的庫克（Krug）香
檳相提並論，甚至贏來「平民庫克」的美
譽。

　　現任莊主曾表示，儘管地處更靠近漢斯
（Reims）的香檳北部，但涼爽乾燥的微氣
候反而讓夏多內有更佳成熟度，甚至比南部
白丘（Côte des Blancs）常顯得清瘦纖細的夏
多內，能更顯豐潤圓熟、飽滿華麗。加上嚴
格篩選果實、低產量造就的濃縮感，以及木
桶發酵帶來的更多氧氣接觸，才造就強健豐
腴又不失優雅的風格，甚至在表現不佳的弱
年分都能備受好評，其實就是生產者深思熟
慮打造的不凡成就。

Vallee de la Marne 瑪恩河谷

　　儘管此處擁有近 9,000 公頃的葡萄園，最廣為人知的仍是占比高達七成的皮諾莫尼耶品種，以及整體而言往往偏圓潤豐滿的酒款風格。但實際上，葡萄園多沿著河岸發展的此地，其實擁有複雜多樣的土壤結構，以及不少坡度陡峭的葡萄園，分別依土壤結構的不同而種有黑皮諾和夏多內品種，甚至兩者近年的種植比例也有小幅上升。

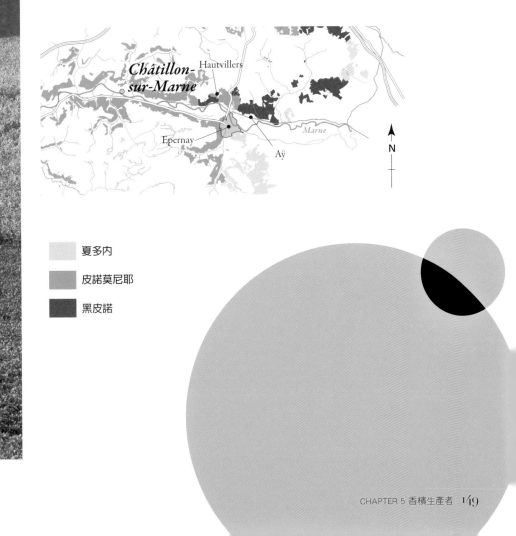

- 夏多內
- 皮諾莫尼耶
- 黑皮諾

Françoise Bedel 法蘭絲瓦貝德勒

　　法蘭絲瓦貝德勒是傳承三代的家族企業，在二戰後才建立酒莊。女莊主 Françoise 因為實實在在的「親身體驗」，才成為自然動力農法的堅決擁護者。當初因為兒子生病而接觸了自然療法，進而因緣巧合開始認識自然動力農法。在經過許多研究，以及詢問芙花（Fleury）等生產者後，女莊主還透過大量品飲自然酒，親身感受到截然不同於過去的品飲經驗，這才讓她下定決心。

　　酒莊所處的瑪恩河谷地區，以及最主要的品種莫尼耶都是實施自然動力法相當艱困的挑戰，但莊主仍堅決地克服許多困難，如今兒子也一起加入了生產行列。此廠早在 1999 年就獲自然動力認證，特別注重收成時的果實成熟度，因此旗下混和不同地塊收成釀成的酒，都是以成熟度絕佳的果實、經較長期培養至最佳狀態才推出，比如無年分香檳，往往也都做到年分香檳要求的 3 年瓶中陳年。這使得此廠多款以莫尼耶為主體的香檳，成為體驗單一品種和地區純淨表現的絕佳選擇。

Cédric Moussé 賽德里克慕瑟

Moussé 家族在瑪恩河谷有悠久的歷史，種植葡萄的時間甚至可追溯至十七世紀。他們在 1930 年代，因大蕭條導致葡萄收購價格達史上最低時，做出了改變未來的選擇——做自己的香檳，並持續至今。

如今負責掌管酒莊的 Cédric，就是傳承至第十二代的葡萄農，儘管他在當初接掌家業時也面臨世代矛盾，許多想法不為老一輩接受，但幸好最終他仍讓自家改採有機農法耕作，同時以精油解決部分葡萄樹病害，並進行更多對環境友善的經營方式，如打造了使用再生能源的酒廠、聯合其他香檳廠進行水資源再利用等等。

此廠的葡萄園散布在瑪恩河谷的不同地區且部分位於陡坡，但最主要仍集中在酒廠所在的 Cuisles 村周圍，主要種植的莫尼耶也往往因此處溫和的氣候而有豐滿圓熟的表現。酒款除了多以莫尼耶為主，還有完全以 Cuisles 村果實釀成的百分之百莫尼耶香檳，尤能彰顯品種和區域風土。

Côte des Blancs 白丘

在以種植夏多內聞名的白丘，儘管其他品種的比例只有不到 5%，但是單一品種在白丘不同村莊之間，仍然因為細微的土壤結構差異與不同的微氣候，讓夏多內能有從豐滿圓潤到細瘦嶙峋、從優雅輕巧到強健結實等各種風格變化。除了不同村莊間可能有鮮明風格差異外，即便在同一個村莊，都能透過不同裝瓶感受個別地塊的獨特樣貌。

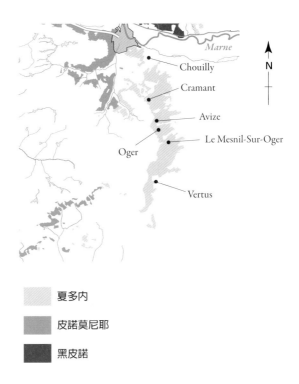

夏多內

皮諾莫尼耶

黑皮諾

Agrapart 阿格帕

坐落於 Avize 村的阿格帕，創建於十九世紀末，卻在 1980 年代的現任莊主 Pascal Agrapart 接手後，才發展成如今具備國際知名度的白丘代表生產者之一。

由於在幾個最頂尖的特級葡萄園村莊都有葡萄園（如 Avize、Oger、Cramant），加上平均至少二十至四十的成熟樹齡（部分甚至更老），以及採取自然派種植（例如以馬耕地、施用堆肥，以及不澄清、不過濾、野生酵母發酵等），讓此廠完熟的葡萄往往能呈現夏多內極致純淨優雅的樣貌。

阿格帕的年分香檳中，有 Avize 村的單一葡萄園酒能清楚感受該村風格以外，也有混和 Avize 和 Cramant 村的年分香檳，可以用來感受夏多內在白堊土壤展現的礦物感和純淨透明。在非年分香檳部分，則是透過葡萄園等級做出區隔，有混和特級和一級村莊果實的更纖巧可愛，以及純粹特級村莊果實的更飽滿結實等不同風格，很適合用來理解區域風土。

De Sousa 德蘇莎

坐落於 Avize 村的此廠，自現任莊主 Erick de Sousa 於 1980 年代接手後，逐漸擴張成今日在香檳區內共十二個村莊都擁有葡萄園的名廠。

現任莊主儘管學的就是葡萄種植和釀造，也在特級村莊擁有許多老樹葡萄園，但在持續精進的過程中，仍發現改善種植方式才是從根本提升酒質的唯一方法。因此，不只自上世紀末開始實驗自然動力種植，並在明顯感受到酒款深度和純粹

度有所提升後，如今已將葡萄園幾乎改採自然動力法。

於是，完全發揮潛力的老樹葡萄園果實，成了此廠豐厚飽滿風格酒款的基礎。在豐富的酒款類型中，既有以Avize、Aÿ、Ambonnay等村的夏多內和黑皮諾混釀，用來展現調配工藝的無年分香檳；也有將樹齡五、六十年以上的單一地塊老樹夏多內先經木桶發酵，再混入已有多年分陳年酒款的陳釀系統，讓新酒融入累積多年的陳年酒液，得出單一地塊深厚表現的無年分香檳。透過不同的表現方法試圖完整展現香檳風土。

Pascal Doquet 帕斯卡杜凱

也算是接掌家業的Pascal，雖然自1995年就接掌了家族經營的葡萄農和酒廠Jeanmaire Doquet，但最終選擇在2004年以不同的嶄新酒廠名稱獨立經營，發展屬於年輕一輩的理想。他接手後，除了將一些位於Vertus村且原本種植夏多內的葡萄園，改按更古早的傳統種植他心目中認為更適合風土環境的黑皮諾，也採有機種植、實驗自然動力，希望透過各種嘗試找出最適合自家葡萄的風土詮釋方式。

如今，帕斯卡杜凱的所有酒款都以來自各葡萄園的天然酵母進行發酵，也在種植釀造上盡可能維持自然、少干預，以保存不同環境特色。平均超過三十年的樹齡，也讓果實都有一定品質；相較於曾因熱浪來襲而無法產出任何酒款的2003年，如今的帕斯卡杜凱也有餘裕進行從發酵容器到二氧化硫使用等眾多釀酒實驗。

在眾多酒款中，我嘗到的混和收成年分釀製的白中白，都因經較長培養而在清爽香氣外，還帶有飽滿架構和結實後勁，依葡萄來源的不同等級也分別展現清爽迷人和細膩複雜的清楚區隔。

Jacques Selosse 傑克賽樂斯

　　「五星級香檳酒莊」、「香檳傳奇人物」、「香檳區的 Henri Jayer」等等，這些都是國際酒壇對 Jacques Selosse 的讚譽，也是這位曾獲「法國最佳釀酒師」頭銜的生產者，在過去很長一段時間坐享超高酒價、備受追捧的原因。

　　也許因為年輕時曾在布根地學習種植與釀造，當他在 1980 年代接下家業後，開始對當時的香檳生產多有質疑。當時，他想要做出能展現香檳產區風土特色酒款的念頭，甚至陸續改採有機和自然動力法的實踐，都被多數同儕不僅視為異類，甚至被認為是革命分子。但回歸葡萄品質以展現風土的理念，卻也奠定他作為「風土香檳」第一人的傳奇地位，更別提日後他的不吝分享與積極提攜後進，更贏來「香檳帝王」的美譽。

　　儘管傑克賽樂斯香檳今日所用的並不局限於有機或自然動力法，卻是在種植和釀造上都盡可能維持自然，並強調果實成熟度。儘管也有批評者認為，此廠有酒價過高、橡木桶使用過度，以及讓酒中氧化和木桶風味過多的問題，但仍趕不走死忠粉絲，一瓶難求依舊。如今，連莊主的兒子 Guillaume 都加入香檳生產者的行列，個人品牌一上市就大受歡迎，至少這是一個可以沒喝過，但不能沒聽過的香檳生產者。

Larmandier Bernier 拉曼帝貝尼爾

　　在本世紀的「風土香檳」浪潮中，被視為先驅之一的 Pierre Larmandier，是區內名氣最響亮的風土代言人之一。儘管在 1980 年代末才接手家業，Pierre 卻從 1990 年代末就開始在自家葡萄園裡，逐漸從有機走向自然動力耕作。再搭配以野生酵母發酵的自然派釀造，讓最終分別依風格不同而在不鏽鋼槽或木桶發酵的酒，都能在經漫長酒渣培養後，以不澄清、不過濾的原貌展現白丘最真實的風土原貌。

　　該廠長年以來在維護風土方面所做的努力，甚至讓酒廠成為 2021 年首屆羅伯派克綠色徽章（Robert Parker Green Emblem）的二十四位得主之一，和布根地的 Domaine Leroy 和 Domaine d'Auvenay、波爾多的 Château Pontet-Canet，以及同為香檳酒廠的路易侯德爾（Louis Roederer）並列，被認為是遠超出有機和生物動力認證要求範圍，而在可持續發展上堪稱典範的葡萄酒生產者。

　　位於 Vertus 村的拉曼帝貝尼爾擁有的葡萄園遍及周圍村莊，因此除了能展示 Avize 和 Cramant 村頂尖風土的單一村莊酒款，也有混調白丘不同村莊的更平易近人選擇，甚至也嘗試生產靜態紅、白酒，是理解區域風土的絕佳選擇。

Pierre Péters 皮耶彼得斯

　　該廠坐落於以酒款風格纖細清亮聞名的特級葡萄園村莊——Le Mesnil-sur-Oger 村，生產香檳的歷史可以追溯至上世紀初，但卻是在本世紀初接手的 Rodolphe Péters 手上，才建構出該廠作為以夏多內釀製的白中白名廠地位。

　　由於酒廠擁有的葡萄園盡在白丘，也讓莊主 Rodolphe 對白丘瞭若指掌、如數家珍。以自家葡萄園為例，他就指出不同村莊之間的風格差異，例如往往能提供調性最冷硬原酒的 Le Mesnil-sur-Oger 村，就像是冬天般的存在。相較之下，Oger 村則更像春天，能帶有更多花香和輕柔如梨子的白色果香。常帶有類似肉桂或薑等甜潤香料風味的 Cramant 村就像是秋天，而 Avize 村則往往充滿夏季豐潤飽滿的柑橘果香。

　　也因為對白丘的細緻掌握，讓葡萄園平均樹齡約三十年的該廠，在各類酒款都有高水準表現。例如風格輕盈細緻且往往有清楚礦物感的無年分「Cuvee de Reserve」，就被認為是具代表性的類型佳作；以 Le Mesnil-sur-Oger 村的單一葡萄園果實釀成的旗艦酒款「Cuvée Spécial Les Chétillons」，也被視為是能展現單一地塊風土的頂尖白中白之一。

Varnier Fanniere 瓦涅凡尼埃

坐落於 Avize 村且葡萄園主要集中在 Avize、Oger
及 Cramant 等村莊的瓦涅凡尼埃，是由現任莊主的祖
輩在 1950 年代創設。在此之前的約百年，家族一直
是提供果實給香檳大廠的契作葡萄農，因此在葡萄
種植上自有家學淵源的傳統。

傳承幾代人以來，此廠在前任莊主 Denis Varnier
的手上，奠定了以平均樹齡三十至五十年的老樹果
實作為風味基礎，搭配中性容器如不鏽鋼槽等發酵
的作法，為自家香檳打造出集中、精準且富有礦物
感的現代化白丘風格。在眾多酒款中，又以精選來
自數個葡萄園的七十年老樹果實，並經長期培養而
成的「Cuvée Saint-Denis」，被認為是最佳作品。

儘管前任莊主於 2017 年因意外不幸早逝，酒莊
也由遺孀 Valérie Varnier 和團隊接管，但老樹葡萄園
還在，秉持傳統的經典作風也將持續。

Veuve Fourny 沃富尼

　　這家位於 Vertus 村的第五代葡萄農，由於絕大部分為有機施作，再加上葡萄園幾乎也都在該村，使得沃富尼的不同酒款實際上就是多元風土的如實呈現。

　　由於此廠的許多葡萄園都位於最理想的南向和東南向山坡，也在分屬白堊土和更厚重、含更多黏土的地塊上都有葡萄園，因此可透過不同的取材，分別呈現出此村的不同樣貌，並且在難得也以黑皮諾聞名的白丘村莊中（多數白丘村莊都以夏多內廣為人知），讓兩個品種都能有細緻、多礦物且兼具陳年潛力的豐富表現。例如酒款「Notre Dame」就是以種植於 1951 年的白堊土老樹夏多內製成，佐以木桶發酵、長期酒渣培養，讓風味濃郁的低產量果實發揮出最大的潛力。

Côte des Bar 巴哈丘

　　目前種植面積約占整個香檳地區的四分之一，其中有超過八成都是種植黑皮諾。特別在進入本世紀後，不只葡萄園的面積增加了約兩成，許多過去主要轉售葡萄給大廠的葡萄農也由新一代陸續開始生產自家香檳。偏南的地理位置使得巴哈丘的氣候也相對溫暖，加上不同的土壤結構，讓此處的香檳往往有偏圓潤豐厚的風格，展現和北部產區不同的樣貌。

Fleury 芙花

對 Fleury 家族來說，創新或許是流淌在幾代人血液裡的傳統。現任莊主 Jean-Pierre Fleury 的父親在上個世紀發生大蕭條的 1930 年代，就因為葡萄價格崩盤、沒了買家，最終決定化危機為轉機地創建自家香檳酒廠，成了巴哈丘地區首家完全掌握從種植到生產的生產者香檳酒莊。

從父親手中接下棒子的 Jean-Pierre 則在接手後的 1970 年代，率先研究起有機種植和自然動力，最終更經實驗確認成效後，極具遠見地在 1989 年成了香檳產區內首家全面改採自然動力法種植的酒莊。其轉型不只在當時深具意義，也帶動區內其他生產者陸續加入，這才有了巴哈丘如今作為香檳區自然動力大本營的盛名。

而今，陸續加入家族事業的新生代成員，除了將自然動力種植帶來的健康、均衡、充滿生命力的果實，透過各種方式在酒中最好地呈現之外，也開啟許多新實驗，例如嘗試推出單一品種、單一葡萄園酒款，以及實驗灰皮諾（Pinot Gris）種植等。此廠以自然動力種植果實打造出的生命力，讓酒款兼有飽滿果香和纖細口感，還曾獲選為 2015 年諾貝爾頒獎典禮用酒。

Roses de Jeanne 珍玫瑰

由出身葡萄農世家的 Cédric Bouchard 在本世紀初才創建。孰料才沒幾年，就於 2005 年被法國權威葡萄酒雜誌《La Revue du vin de France》選為最優秀香檳生產者，莊主 Cédric Bouchard 也隨即被冠上「開創新香檳的天才」等稱號，備受國際矚目。

在創廠之初原本因為缺少葡萄園而形成的限制，如今反而成為該廠的特色標誌。在以調配為主的香檳區，其每款酒卻都是以單一年分、單一品種、單一葡萄園果實構成，一方面凸顯了莊主想如實展現風土的企圖，另一方面往往僅數百到數千瓶不等的稀少產量，也在該廠聲名大噪後很自然地因供不應求推升酒價。

以盡可能自然的方式耕作、釀造，還刻意將單位產量降低到僅有產區規範的約三分之一，讓珍玫瑰的香檳往往擁有飽滿結實、酸甜均衡的濃郁果實風味。另外，由於莊主認為展示風土才是自家酒的首要目標，因此採刻意壓抑氣泡的釀造方式，使得酒款的瓶中氣壓也略低於一般香檳的 6 大氣壓，常只有約 4.5 大氣壓。

Champagne Advocate

香檳達人

在進入二十一世紀後，臺灣在地的香檳市場也隨著國際潮流而有了不少改變。愈來愈多人關注大品牌以外的生產者香檳，也有愈來愈多年輕人開始接觸看似高不可攀的香檳。愈趨分化、分眾等潮流的發生和轉變也有很大一部分要歸功於勇敢走在前面，並持續堅持理念、開創新局的推廣旗手。就讓我們一起來看看這些喝了很多很多香檳、鎮日與香檳為伍的香檳達人們，又各有怎樣的香檳故事？喝出了哪些香檳體會？

見山還是山
香檳傳教士——吳明都

　　十多年前，為本書訪問當時擔任誠品餐旅事業部協理的吳明都時，被朋友喚作 Nical 的他已經是圈內造訪的香檳酒廠和品嘗的香檳品項數量皆首屈一指，還坐擁超過千萬臺幣、數量超過千餘瓶頂級香檳藏酒的狂熱分子。如今，隨著他的頭銜成了餐旅事業群總經理，手上收藏的頂級香檳金額也變成好幾個千萬，他對香檳的喜愛依舊，唯獨喝

香檳的體會，似乎已經走進「見山還是山」的另一個境界。

　　他自己倒是笑稱以前喝酒是好壞都想嘗，因為總想著要增加學習經驗，現在反而更挑剔，也更隨興。更挑剔是指更在意風格和風味的純淨與否，更隨興則反而只要有一瓶好的無年分香檳，例如自家代理的安侯（Henriot），就能讓他有好心情。

　　雖然 Nical 曾直言，「香檳是我在學酒的過程中，最晚弄懂的」，但是他一貫嚴謹的治學態度，加上從不吝惜投入學習成本，讓他累積出旁人難以企及的經驗，並成就罕見的品味高度。比方 1959 年生的 Nical，就是在 Alfred Gratien 的酒窖喝到 1955 年香檳後，才深刻體會原來比自己年長的香檳，都還能有令人驚豔的絕佳表現。在他開啟對成熟香檳的興趣後，更曾特意蒐羅 1928 與 1929 年的「Pommery」、1934 年的「Pol Roger Rosé」等經典品嘗學習，縝密地建構出對陳年香檳的理解。直至今日，品飲經驗豐富如他仍實事求是，每每發現酒評家們給一款酒分別打出 95 和 88 分的迥異評價時，都會親自買酒來品嘗印證。

　　隨著對香檳的認識愈深，他對香檳的保存、品飲方式

Nical 的香檳品飲小叮嚀

- 入門者不妨從無年分香檳開始。
- 會影響口感的適飲溫度很重要。相較於簡單氣泡酒的適飲溫度在攝氏 5 ～ 7 度，普通的無年分香檳則可在 6 ～ 9 度，愈高等級的年分或旗艦款香檳則可在略高的 8 ～ 10 度，部分風格特殊者甚至可以更高一些，此外帶甜的甜味香檳也有不同適飲溫度。
- 醒酒時間要拿捏。不一定要用醒酒瓶速成醒酒，最好慢慢喝，花時間細細品味才能累積經驗值，找出適合個人口感偏好的醒酒時間。不同除渣時間所帶來的風味差異也會需要不同的醒酒時間。

等細節，也都發展出自己的一套理論。例如酒窖藏有大量兩瓶裝收藏的他，就認為這才是能讓香檳有最佳陳年潛力的理想容量，他甚至總在品酒會上積極地和賓客們分享同款香檳的兩瓶裝和標準瓶裝所能呈現的風味差異。他也認為，剛開始對香檳產生興趣的愛酒人不妨先從無年分香檳開始，再穩扎穩打地比較不同飲用溫度、補糖多寡等變因能對口感帶來哪些差異後，再循序漸進。

他強調，酒和人一樣是有生命的，尤其香檳又是葡萄酒中出了名的對外在環境特別敏感的嬌嬌女。甚至他的多次品飲實驗也證明，來自不同儲存環境的同款酒往往會因而生出鮮明的風味差異。因此，除非是少數罕見的陳年珍品，否則通常他買香檳很少只買一瓶，而是會備妥足夠數量，好在不同時期分批觀察酒的表現。這雖然是許多收藏家都耳熟能詳的老生常談，但卻是 Nical 奉行不悖的規矩。

對他來說，好好花時間細細品嘗一款酒、感受酒的各種變化，是學習品飲的必須。而如果在品飲過程中還帶來感動，那麼就是一款好酒。所以，他不只是一款酒幾乎總慢飲數日，也總會記錄過程的各種變化，並和同事們分享。對老酒圓熟風味情有獨鍾的他，甚至鼓吹

愛酒人最好「自己帶小孩」——早點在價格飆漲之前，先買進香檳廠或許尚未完熟的好酒，再耐心地讓酒在自己的酒窖裡慢慢成熟。

回顧過去，我發現曾和 Nical 一起品味過 Diebolt Vallois 以老樹夏多內釀成的 1996 年「Fleur de Passion」，其綻放的精采迷人；也嘗過 1988 年「Krug Clos du Mesnil」時光正盛的豔麗情致；經歷過 1990 年「Drappier Grande Sandrée」獨特的成熟韻味；也共同見證了安侯 1976 年「Cuvee des Enchanteleurs」的最後燦爛。然而，縱使嘗過的香檳名品早就成千上萬，香檳至今仍是他的最愛：「沒有什麼東西喝的時候，就喝香檳」。對他而言，香檳永遠是唯一能讓他一直喝的酒。

Nical 的老王賣瓜香檳推薦

- **Henriot 安侯**
「全系列酒款都有高水準穩定表現，是備受各界肯定的兩百年以上金字老招牌。」
- **André Clouet 安德烈庫埃**
「以黑皮諾聞名的純淨風格，豐厚潤澤。不僅被譽為『堪比伯蘭爵（Bollinger）』，還是瑞典國王最愛。」
- **Veuve Fourny 沃富尼**
「能展現鮮明性格的白中白生產者，有位置最佳的葡萄園能展現不同風土，連黑皮諾都有難得的細緻豐富。」

人生美好的意外
生產者香檳先行者——莊志民

　　主理維納瑞酒窖十餘年的莊志民（Joseph），怕是從未想過年輕時無意間在學長家邂逅的人生第一瓶香檳，日後竟會給他的生涯帶來如此轉折。

　　話雖如此，關於多年前的那款香檳，他卻至今仍記憶猶新。他不只記得那是一款高仕達（Gosset）豐滿華麗的粉紅香檳，還記得在優雅氣派的豪宅裡，用水晶玻璃杯啜飲香檳帶來的愉悅和滿足，

氣泡裡盡是華美絢麗。在經驗那款香檳之前，他是個對酒沒抱太大好感、循規蹈矩的設計系學生，在那款香檳之後，他卻發現了人生另一種燦爛的可能，也才有日後因緣際會踏進葡萄酒行業，最終打造自己葡萄酒事業的起源。

美好的第一次香檳經驗不只讓 Joseph 踏上葡萄酒的不歸路，更讓他在 2009 年展開自己的葡萄酒事業之際，就敏銳地掌握到當時生產者香檳在國際間開始逐漸風行的趨勢。緊接著在 2010 年經過市場研究後，大膽地引進許多當時還鮮少有人注意到的生產者香檳品牌，沒想到，這竟又成了個難得的美好意外，最終的銷售成績竟遠超他的預期，成了他另一次美好的香檳體驗。

於是，Joseph 開始在引進生產者香檳的路上愈走愈遠。他開始親赴產區拜訪從未謀面的小農生產者，年復一年。隨著前往拜訪次數的累積，和小農們也逐漸從陌生到熟悉。隨著他到訪愈來愈多的葡萄園、踏進一個又一個的農家客廳，維納瑞引進的生產者香檳數量也隨之增長。儘管從商業的角度來看，這些產量往往也不大的生產者香檳不見得能帶來多大收益，但是 Joseph 卻樂此不疲，「重要的是那種人跟人的連結。因為如果你不去認識他們、不去和他們

Joseph 的香檳小堅持

- 除了生日、節慶等場合外，讓假期美好的私儀式，就是早晨用香檳開啟美好的一天。
- 香檳最大的魅力：既是葡萄酒又多了帶來清爽感的氣泡，隨時隨地都能來一杯，有沒有食物都無所謂。
- 炸物和香檳是絕配，和熱騰騰冒著蒜頭和九層塔香氣的鹽酥雞最對味。

成為朋友，就買不到香檳」。

他甚至從 2012 年起，前後辦了五屆的「獨立酒莊香檳展」，有系統地推廣旗下的生產者香檳。這些每次都可以嘗到數十款來自不同產區、不同類型的十多家生產者香檳的品飲活動，不只在當時開風氣之先，也打響了維納瑞的名氣，品飲活動的票卷往往一票難求，光是「香檳」就夠吸引人的活動，也因為讓眾多不同品牌和風格的香檳齊聚一堂，受到消費者的熱烈歡迎。

某些如今在國際最炙手可熱的生產者，Joseph 都早在他們有如日中天的盛名之前，就透過一次次拜訪建立起關係。例如聊起他最推崇的、隻手打造珍玫瑰（Roses de Jeanne）酒廠的 Cédric Bouchard，Joseph 就忍不住興奮地提到，該廠將在今年底推出一款極限量的史無前例香檳。這款香檳將僅在酒標上標示酒廠縮寫，但對任何關於年分、品種與地塊等資訊，完全不予揭露。生產者希望能透過這種方式，讓品飲者更專注於酒的本質，以全新的角度品嘗，

Joseph 的老王賣瓜香檳推薦

• **Pierre Péters 皮耶彼得斯**
「老少咸宜的高親和力口感，把夏多內處理得輕柔又有層次，高水準受到一致肯定和推崇。」

• **Larmandier Bernier 拉曼帝貝尼爾**
「自然動力法打造出的純粹、乾淨、通透風味，沒有過度雕塑且極具生命力，『風土香檳』代表酒廠之一。」

• **Roses de Jeanne 珍玫瑰**
「風味與眾不同的極致之選，稀有罕見的極限量單一年分、單一地塊、單一品種香檳，也是近年最受收藏家追捧的生產者香檳。」

　但是一款讓人無法確知到底喝到的是什麼的香檳，卻是肯定會引爆話題。

　　話鋒一轉，Joseph 也提及近期喝到的讓他印象深刻的 Jerome Prevost。儘管這家名廠也因為產量很小，而曾遲遲沒有酒能賣給臺灣，但是 Joseph 仍舊持續造訪，雙方也因此終於建立情誼。邊喝著當年去香檳區拜訪 Jerome 時對方回贈的酒，許多過去的美好回憶也湧上心頭。正是這些不斷積累的美好香檳回憶，讓 Joseph 繼續在這條香檳路上堅持下去。

香檳不只是迎賓酒
香檳宇宙解構者——潘大鈞

有些人或許認為香檳就是「一種」葡萄酒，實際上香檳更像是個宇宙。創建鈞太酒藏的潘大鈞（David），就是被香檳的浩瀚無窮所吸引。在我造訪的時候，他隨手拿出的兩冊共約 8 ～ 10 公分厚的樣書，正是近年他對香檳所做的愛的表白。

預計將於 2022 年底前出版的兩大冊香檳專書，是

David 近幾年的心血結晶。當他在幾年前發現市面上並沒有能完整詳盡介紹關於香檳所有知識的中文書籍後，他便動念想自己打造出完全符合他理想的「宇宙導讀」。他解釋，在這兩冊專書中，第一冊將會依香檳產區的歷史背景、地理環境、人文風土與種植釀造等，詳盡介紹所有和香檳有關的背景和技術環節；至於第二冊，則會將焦點放在百餘家香檳生產者，並從他們所使用的釀造技術與調配品種等分析酒款在風格上的同異區隔。

　　事實上，David 對香檳的如此投入並不令人意外。畢竟，他曾在鈞太酒藏開幕的 2015 年，就率先請來國際知名的布根地酒評家兼作家 Allen Meadows 訪臺舉辦各種講座活動。也許因為從小在國外成長的背景，也許因為求好心切的堅持，David 似乎一直帶頭想讓臺灣的葡萄酒文化「接軌國際」，因此邀請國際知名的大師級人物來臺宣講，便也成為鈞太廣為人知的特色之一。隨著藏酒從法國的布根地拓展到香檳產區，David 也在連續幾年邀請 Allen Meadows 來臺後，於 2017 年首度請來香檳權威 Peter Liem，其著有香檳專書《香檳：經典產區的酒款、生產者

David 的香檳小堅持

- 喝香檳很難沒有好心情，所以香檳是能帶來歡樂的飲料，開瓶根本無須理由。
- 香檳是葡萄酒中少數仍然「負擔得起的奢侈品」，家裡也總會備有能隨時開瓶的適溫香檳。
- 不妨輕鬆看待「餐酒搭配」，按個人喜好，吃想吃的、喝想喝的，才是帶來愉悅的基礎。比方不只炸雞及薯條是香檳百搭的基本款，用口感濃厚的粉紅香檳搭原味牛排更是他的最愛。

與風土基本指南》（*Champagne: The Essential Guide to the Wines, Producers, and Terroirs of the Iconic Region*），同時也是香檳指南網站「ChampagneGuide.net」作者兼創辦人。

然而歸根究柢，David 之所以會大費周章請來這些國際知名的專家，進行教育推廣與理念傳遞，其實還是因為他相信這些葡萄酒產區都有引人入勝的豐富風土。現在的他甚至認為，在調配品種、葡萄園坐向，乃至於土壤結構和釀造技術上都多元多樣的香檳產區，其實是具備比布根地更豐富的風土內涵，也正是這些引人入勝的種種細節，吸引他一頭栽進香檳的世界，造就如今鈞太在生產者香檳由約三十多家代理酒廠建構起完整的產品線。

因此，David 才竭盡所能希望從改變「香檳只是迎賓酒」的概念開始，一步一步引導消費者，先是逐漸增加飲用頻率，接著有機會理解不同區域的風土，最終透過精心建構的各區代表性生產者，完整感受到像他自己當初深受感動的多樣豐富香檳宇宙。為此，鈞太還曾多次舉辦旗下香檳的完整品飲活動，也每每引發熱烈迴響。透過教育提供消費者發現的能力，不僅始終是 David 念茲在茲的自我期許，他甚至還取得葡萄酒學者協會（Wine Scholar Guild，WSG）的香檳大師級課程（The Champagne Master-Level program）的認證，最終更親自站上講臺傳道授業。然而，我不禁猜想，寫書、授課所帶來的愉悅和滿足，或許仍舊不比一杯香檳在手。畢竟，這不只是體驗美好風土最直接的方式，還是最美味的方式。

David 的老王賣瓜香檳推薦

• Marc Hébrart 馬克艾博哈
「適合外行人喝熱鬧、內行人喝門道的老少咸宜風味，南向葡萄園帶來的完熟果實，造就易飲討喜口感還兼有複雜度。」

• Egly-Ouriet 埃格麗梧利耶
「最受本地市場歡迎的相對濃郁飽滿風格，來自經長期木桶培養的黑皮諾為主體調配，有陳年潛力又不失優雅的名廠表現有目共睹。」

• Robert Moncuit 侯貝蒙庫伊
「該廠的葡萄園幾乎都在白丘最精華村莊之一的 Le Mesnil sur Oger，酒款除了能盡顯單一風土，也將白丘夏多內經典的細緻礦物感和清亮酸度展現無遺，並具驚人陳年潛力。」

Fun
Champagne

遊樂香檳

作為魅力獨具的葡萄酒，香檳不但有奢華形象，亦代表歡樂。而香檳產區還有秀麗的鄉村景致、數目眾多的歷史古蹟，以及足以和香檳酒匹配的高水準美食，等待遊人發現。就算還沒有前往香檳地區一遊的計畫，只要三分鐘就能體驗的香檳「玩法」，也能讓每一次香檳經驗都成為難以忘懷的永恆回憶。

漫步在香檳
Ambling in Champagne

　　有這麼一種說法，認為女人之所以會愛上香檳是因為異性相吸。原來，在法文當中，有按照名詞的「性別」區分使用冠詞的慣例，因此香檳也有了所謂「男女」的分別。帶著氣泡讓女人陶醉的，是用來喝的「男」香檳（Le Champagne）；孕育出這種氣泡酒的地區，則是同時生養其他物種、具有母性力量的「女」香檳（La Champagne）。作為香檳的愛好分子，當然不會只滿足於啜飲杯中的「男」香檳，倘若能在收成季節的 9 月親自走訪「女」香檳，感受葡萄扎根的大地、酒液沉睡的石窖、迎面而來的冷風，肯定會讓杯中的氣泡從此生出截然不同的深義。

　　在前往香檳之前，首先須知香檳的生產地區主要隸屬於法國名為 Champagne-Ardenne 的大範圍行政區（買車票時首先會遇到的目的地）。雖然實際香檳 AOC 產區範圍的 3 萬多公頃葡萄種植面積，除了被劃分在 Champagne-Ardenne 境內的 Marne、Aube、Haute-Marne 等三個縣分之外，還有部分位於鄰近的 Seine-et-Marne 和 Aisne，但其中以總產量占八成比例的 Marne 縣最為重要。

　　位於巴黎東北部約 140 公里，以漢斯（Reims）和艾培內（Epernay）兩個小城為中心的香檳產區（La Champagne），不僅是聚集近五千家生產者的全球聞名氣泡酒產區，同時還是法國位置最北的葡萄酒產地。鄰近巴黎、居於交通要道的重要戰略位置，更讓香檳成為歷史上受戰亂最頻繁的葡萄酒產區之一。

　　當地屬於石灰質的特殊白堊土壤，不僅留下許多古代為開採石材所挖掘的地下通道，並在十八世紀後用作

讓香檳沉睡的酒窖；就連香檳產區的名稱，據說都是出自拉丁文的 campus 與 campania，才轉變成法文中有「原野」之意的 champaign。在這個地勢多半平緩的地區，最好的葡萄園多半集中在山丘地帶，位於產區最北端且以種植黑皮諾為主的漢斯山區（Montagne de Reims）；南端以種植夏多內為主的白丘（Côte des Blancs），兩地均以石灰岩為主要土壤。另外，還有沿著 Marne 河且主要土壤為沖積土的瑪恩河谷（Vallée de la Marne）。

漢斯 Reims

　　從巴黎的戴高樂機場搭 TGV 只要約 1 小時（自行開車則約 2 小時）即可到達的漢斯，即便對非香檳迷來說，都是巴黎近郊相當值得一遊的旅遊景點。對一個擁有十八萬人口、近期更因交通之便而成為許多巴黎人選擇移居的新興都會來說，這裡不只是法國擁有最高平均所得的葡萄酒產區，還有不只一處的世界文化遺產為城市增色。其中和巴黎聖母院齊名的法國哥德式教堂名作——漢斯大教堂（Cathédrale Notre –Dame）——是完成於十三世紀的著名哥德式建築，也是歷史上著名的法國國王加冕聖地。儘管兩次世界大戰摧毀了許多珍貴文物，但大教堂旁的朵宮殿（Palais du Tau）裡至今仍能觀賞到數百年前加冕典禮所用的重要歷史珍寶。從漢斯大教堂步行約 10 分鐘，就有足以讓人遙想千年以前光景的建築——地下迴廊（Cryptoportique Gallo-Romain），推估約建於西元三世紀的古羅馬時代，而人們至今仍能在其中漫步，遙想過去。在小鎮的另一頭，風格和華麗的漢斯大教堂截然不同的另一處世界文化遺產，是殘留有十三世紀石板、十五世紀門牆裝飾等，融合羅馬和哥德式建築要素且同時是漢斯地名緣由的聖者——聖雷米（Saint-Remi）陵墓所在的聖雷米教堂（Basilique Saint-Remi）。

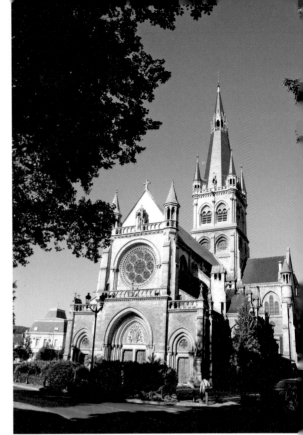

艾培內 Epernay

　　相較於政經重鎮的漢斯，位於漢斯以南約 30 分鐘火車程的艾培內，則是有「香檳之都」（the Capital of Champagne）稱號，是少了些繁榮氣息的純粹香檳「產業」中心。在這個人口數約不滿三萬的小鎮，除了居民幾乎多是以香檳產業為生以外，地底下還有綿延百餘公里的地下酒窖，其中有數十倍於人口的約兩百萬瓶以上的香檳沉睡其中。除了聚集在香檳大道（Avenue de Champagne）的眾多知名香檳酒廠，路上隨機巧遇的一位老伯很可能就是在附近擁有廣大葡萄園的香檳農夫，或者將自家葡萄也釀酒裝瓶的小型香檳生產者。周圍約 2 萬公頃的廣闊葡萄園風景，除了駕車遍歷之外，也很適合踩鐵馬遊歷；興之所致地在某個種滿葡萄的小丘上野餐，若是再有一杯冰鎮的香檳，很可能就會是人生中最美妙的飲宴。

旅遊資訊

前往漢斯的火車資訊：www.sncf.com
漢斯旅遊資訊：www.reims-tourisme.com
艾培內旅遊資訊：www.ot-epernay.fr

吃喝在香檳
Tasting in Champagne

在馳名全球的香檳產區，香檳無疑地完全是當地的「生命之水」，許多香檳地區的居民甚至會驕傲地表示，當地的新生嬰兒打從出生的那一刻起，就因為唇上沾上香檳的習俗而體驗到人生的第一口香檳。「血液裡留著香檳」的當地居民，自然在日常生活也頻繁地飲用這些冒著氣泡的星星。一杯杯的香檳，不只讓漢斯大教堂前的露天座位頓時成為優雅上流生活的場景，即便只是在普通的餐館，啜飲香檳都會極其自然地成為畫面不可或缺的一部分。各家餐廳的酒單上，也動輒有四、五十種以上的香檳選擇，倘若三心二意地不知該如何抉擇，餐廳多半也有不同類型的單杯香檳。可以依開胃、前菜、主菜的順序按無年分、年分照單全收，或者選擇類型各異的粉紅香檳、白中白、黑中白香檳，盡享產地才有的難得經驗。

在漢斯的美食地圖上，不只有曾經一度擁有米其林三星（近年評價則維持兩星）的頂級餐廳 Les Crayères 坐鎮（同時也是頂級旅館的飯店，最近在原有的高級餐廳外，增加了價格和氣氛都更平民化的 Le Jardin 餐室），同時還有料理具星級水準，但氣氛更輕鬆、價格更親切的高水準餐廳。曾獲米其林星級評價的 Le Millénaire，就是能在溫馨又不失莊重的用餐環境裡，讓干貝、龍蝦和年分香檳的經典搭配，

以生蠔聞名的老牌餐室 Brasserie du Boulingrin，自 1925 年起就在同個地點營業至今。

徹底消除旅途疲勞。喜歡更輕鬆自在、無拘無束用餐的人們，不妨嘗試更歡樂且如在自家般輕鬆的氣氛，以平實的價格品嘗生蠔和白中白香檳的 Brasserie du Boulingrin。Brasserie du Boulingrin 對 街的 Au Petit Comptoir，則是同樣備受當地人喜愛的中價溫馨小館。同一條街上，還不乏美味的麵包和糕點名店。將活動範圍延伸至艾培內的遊客，不妨在 La Table Kobus 充滿懷舊情調的氣圍，品嘗和各種香檳都能有完美搭配的當地菜式。懶得四處覓食的旅客，則可以考慮位於小鎮中心的 Les Berceauxz 飯店的同名餐廳。

餐廳推薦

Les Crayères：www.lescrayeres.com

Le Jardin：www.lejardin.com.sg

Le Millénaire：www.lemillenaire.com

Brasserie du Boulingrin：www.boulingrin.fr

Au Petit Comptoir：www.au-petit-comptoir.fr

La Table Kobus：https://www.la-table-kobus.fr

其貌不揚的本地特產，帶有橘色皺褶外皮和深重異味的 Langres 起司。

漢斯起士專賣店

La Cabe aux Fromages
12, Place du Forum
TEL: 03-2647-8305

風味特產
Speciality in Champagne

吃的風味

　　香檳和起司，對多數人來說可能都像是毫無交集的兩條平行線。親自走一趟香檳後最大的意外發現之一，就會是香檳和起司間的完美關係。多數人很容易在喝葡萄酒時聯想到起司，多半是因為習慣以起司柔化紅酒的厚重單寧；實際上，不只許多白酒其實是起司的好搭檔，就連冒著泡泡的香檳都能依口感類型的不同，和各種起司連結成難得的味覺歷險。

　　在國內不容易見到的兩種香檳特產起司，尤其是到此不能錯過的「異味」美食。兩種雖然都是以牛乳製成，但表面有層白膜且需要一段時間由外往裡逐漸成熟，而帶著清新乳香和柔細質地的白黴乳酪（Chaource），對多數習慣起司風味的人來說，都還算是容易接受的口感；很適合和清爽的無年分香檳或酸度更突出的白中白香檳，形成有趣的組合。另一種名稱源自當地的同名高地，氣味能讓人立即倒退三尺，像是經過無數新舊汗水浸漬，同時還發著黴的超級臭襪子的洗浸乳酪（Langres），濃膩的「異味」之外還有綿密誘人的豐滿質地。據說當地有一種吃法，就是在洗浸乳酪中央隨熟成而出現凹陷之後，將香檳注入凹陷一起享用。事實上，一旦戰勝對氣味的強烈厭惡感之後，洗浸乳酪的獨特風味確實可能成為令人難

忘的「美味」；對潛藏「逐臭」癖好者而言，洗浸乳酪的臭氣和濃郁質地，搭配口感同樣醇厚的年分香檳，更是不容錯過的經典。

除了前述以基本的無年分香檳，搭配白黴起士或香氣明顯的硬質起士；以及用酸度更清爽的白中白香檳，搭配口感帶有優酪乳般清新酸味的白黴或羊乳酪之外；通常在餐後用來搭配甜點的甜味香檳，也可以搭佐足以作為甜點、乳脂肪含量較高的起司（如 Mascarpone）。另外，很少被用來搭佐起司的粉紅香檳（或口感較豐濃的年分香檳），則是可以和硬質乳酪（如 Comté），或風味同樣濃稠的羊乳酪（如 Valençay），都融合成絕妙的美味。

喝的風味

香檳產區最有名的葡萄酒，當然就是本書的主角——這種名為「香檳」的氣泡酒。但是，倘若你在四百年前就來到今天以這種氣泡酒聞名的香檳產區，可能會驚訝地發現當地怎麼只有以黑皮諾做的淡色淡味紅酒，連氣泡的影子都還找不著。這是因為香檳地區開始逐漸以氣泡酒打開名聲，其實是十七世紀後半的事。今天香檳區的葡萄種植仍然以黑葡萄為主，其實多少也是因為在那之前，此處其實是紅酒產地。

儘管香檳本身也是一個 AOC 法定產區，但是在酒標卻從來只有標示出斗大的「Champagne」字樣，看不到其他產區必備的「Appellation Contrôlée」完整標示。在眾多法國葡萄酒當中，只有像香檳這般的「國際明星」才有如此特殊待遇。

除了最著名的香檳氣泡酒以外，香檳產區還能生產兩種也屬於 AOC 等級的「法定產區」葡萄酒。一種是 AOC

產區的 Coteaux Champenois 的靜態（無氣泡）葡萄酒，包括以夏多內釀成的白酒，以及用黑皮諾和皮諾莫尼耶釀成的紅酒。另外，以百分之百黑皮諾做成的罕見粉紅酒，則是有自己獨立的 AOC 產區 Rosé des Riceys。這些在其他地方很少見到的「當地特產」，若有機會到當地一遊，千萬別錯過。

行程規畫
Champagne Itinerary

位於法國東北部的香檳地區，不只是法國眾多葡萄酒產區位置最北，也是全球葡萄酒產地的北限。在這個年平均溫度約為攝氏 10 度的地區，過去不但因為氣候讓葡萄不易成熟，多數時候往往也只能成為酸度偏高、適合氣泡酒釀製的基酒，也因此才成為氣泡酒發展重鎮。對有意前往的旅客而言，當地自 11 至 3 月平均可能只在攝氏 0 ～ 5 度的低溫，也是旅客們必須納入考量的因素。除了溫和的春季和夏季之外，9 月的收成季節雖然往往遊客眾多，但仍是最能體驗酒區風情的絕佳造訪時間。

由於鄰近巴黎，因此時間並不特別受限的遊客，不妨

AOC 是什麼？

在法國葡萄酒的品質分級中，最高等級的「法定產區葡萄酒」（Appellation d'Origine Contrôlée）就簡稱為 AOC，這代表產品必須出自特定的地理區域，同時在使用品種、釀製方式等農耕和生產細節上，也必須依照相關的法規行事，是故理論上得以維持高品質。一般會規定酒標必須清楚標示產區名稱和完整的分級字樣，例如波爾多酒款會標示「Appellation Bordeaux Contrôlée」。

考慮將漢斯作為由巴黎延伸出的週休二日小旅行，還能悠閒地造訪艾培內。時間緊湊的遊客，則可以考慮單日往返巴黎至漢斯。作為旅遊景點，漢斯的魅力恰好是它的不卑不亢、不高傲也不媚俗的中間路線。蜻蜓點水個半天不嫌短，在附近盤桓兩三四五日亦不算長。無事只來吃頓飯閒晃既好，專程來造訪香檳酒區亦有其樂趣。

　　若是想要深入了解香檳，此處五千多家的大小酒廠自然可以滿足各種深入的香檳酒迷；只想要淺嘗的話，也能在開放訪客參觀的眾多酒廠當中，進一步感受香檳的迷人之處。比方以細膩風格稱著的泰廷爵香檳酒廠（Taittinger），由四世紀的羅馬地下採石場和八世紀的修道院儲酒地窖改建而成的香檳酒窖，就能讓人體驗香檳在華美的登場之前，是如何在陰暗的石窟渡過昏暗的歲月；地下酒窖長達 25 公里的夢香檳（Mumm），則是在酒窖內還建有小型的香檳博物館，讓遊客可以親眼目睹歷史上曾經用來釀製香檳的工具。當然，其他如同凱歌香檳（Veuve Clicquot Ponsardin）、波茉莉（Pommery）、可以搭乘小火車遊覽的拍譜香檳（Piper Heidsieck）與位於艾培內的酩悅香檳（Moët & Chandon）等酒廠，也都提供極受歡迎的酒廠參訪遊程，有興趣的不妨預先透過網路查詢預約。

香檳酒廠參訪

夢香檳 Mumm：
www.mumm.com

泰廷爵香檳 Taittinger：
www.taittinger.com

酩悅香檳 Moët Chandon：
www.moet.com

波茉莉 Pommery：
www.pommery.com

Other Sparkling

香檳之外

不同於香檳僅限於法國的香檳產區，氣泡酒則是在俄國、英國，甚至印度都有蓬勃發展，而原本就以葡萄酒聞名的義大利、法國、西班牙與新世界各重要葡萄酒產區，更是致力於氣泡酒生產。如今的氣泡酒生產方式不限於香檳產區的傳統瓶中二次發酵法，讓我們仔細看看香檳之外，還有哪些一樣擁有迷人氣泡的金黃酒液。

關於氣泡酒
Sparkling Wine

　　儘管香檳才是本書的主角，但生產地區僅限於地表 3 萬多公頃（約為臺北市面積的 1.24 倍）的這種昂貴氣泡酒，一旦納入全世界每年數十億瓶的氣泡酒海，頓時也只能淹沒其中，成為占比只有約一成五的極少數。不同於香檳僅限於法國的香檳產區，氣泡酒則是在一般很難令人聯想到葡萄酒的俄國、英國，甚至印度與中國都有蓬勃發展；原本就以葡萄酒聞名的義大利、法國、西班牙，乃至於新世界的各個重要葡萄酒產區，自然更無可避免地致力於氣泡酒生產；其中加州、澳洲等新世界產地，甚至同為歐洲的英國，都引來知名香檳酒廠紛紛前往投資，以和香檳地區完全相同的品種和釀製方式，藉不同的風土產出同樣迷人的氣泡。

　　隨著香檳生產技術在十九世紀初期的提升和進步，關於讓葡萄酒產生氣泡的技術，也陸續傳播到法國各地，甚至遠播至鄰近的其他國家。如今的氣泡酒生產，由於各產區所使用的葡萄品種和追求風格的差異，讓生產方式已經不限於香檳產區的傳統瓶中二次發酵法。儘管採用的釀製方式和陳年時間長短並不代表絕對的品質優劣，但對於多數強調有較長陳年潛力的氣泡酒來說，以傳統的瓶中二次發酵法釀製、在酒窖中歷經與酒渣的漫長陳年，仍然是被用來評價酒款品質的重要指標。

　　在釀造法方面，除了最普遍採用的傳統瓶中二次發酵法之外，常見的還有稱為夏瑪法（Charmat Method）的酒槽發酵法。這種在二十世紀初期所發展出的釀製方式，是讓二次發酵改在容量較大、可以一次大量操作的密閉壓力

酒槽（而非單獨的酒瓶）中，並在發酵完成後直接進行後續的澄清、補糖和裝瓶過程。這種以發明者夏瑪（Charmat）命名的釀造方式，除了有成本較低、易於操作、耗時較短等優點外，也適用於不具長期陳年潛力的基酒。例如本身就具備豐富花果香氣、適合趁鮮在年輕時飲用的蜜思嘉（Moscato）或普羅賽克（Prosecco）氣泡酒，就因為品種和風格的需求而多數是以酒槽發酵法釀製。

　　這些氣泡酒，在法國被稱為Crémant 或 Mousseux（兩者都指氣泡酒，但 Mousseux 可以是酒槽或瓶中發酵），在義大利被冠上 Spumante 或 Frizzante（微氣泡酒，多數只在酒槽進行部分二次發酵），在德語國家被喚做 Sekt（主要以酒槽發酵），在西班牙被稱為 Cava，儘管它們使用的釀酒品種、產生氣泡的釀造方式不盡相同，卻都具備各自的氣泡魔法，只要使用得當，一段平凡的時光可能就將因此變得晶瑩閃亮。

Tosti
以曲線瓶身和甜味口感
廣受歡迎的眾多 Asti 酒
款之一,另有粉紅版。

主要氣泡酒類型

Asti

　　這種曾經被稱作 Asti Spumante 的氣泡酒,如今
雖然多是單獨以 Asti 的名稱出現,但仍在義大利氣
泡酒(Spumante)中占有重要地位。這種氣泡酒主
要產自義大利西北部皮蒙省(Piedmont)的 Asti 地
區,以香氣濃郁的白蜜思嘉(Moscato Bianco)品種
經酒槽發酵釀成,總在濃密的花香和水果香氣之外,
還帶有甜味口感,甚至被稱為「裝瓶的葡萄」,喝
起來就像是香氣濃郁的葡萄果汁——只不過,帶著
泡泡。

Moscato d'Asti

　　素來深諳化簡為繁之藝術的義大利人,為
Asti 衍生另一種版本。Moscato d'Asti 同樣來自皮蒙
地區,用的是相同品種,但相較於多數大量生產
的 Asti,由更多小規模酒廠選用品質通常更佳的
葡萄製成,其不只酒精濃度更低(多數只在 5～
6%左右)、氣泡較微弱(瓶中的氣壓只有 Asti 的
約三分之一,因此用的多是一般的軟木塞封瓶,
而不像氣泡酒覆有金屬圈),還因為精選用料的
葡萄本身風味更均衡,讓酒中雖然留有更高的糖
分,喝起來卻感覺不到 Asti 偶有的甜膩,並且能
在香氣和口感有更細膩的表現。

Michele Chiarolo
由更多小規模酒廠選用品質更佳的葡
萄做成,不只酒精濃度較低、氣泡更
微弱(因此一般多用軟木塞封瓶,而
不像氣泡酒覆有金屬圈),還因為採
用精選葡萄,往往在香氣和口感上也
比 Asti 更細膩高雅。

Vignaioli di S.Stefano(Ceretto)
品質極具水準,也很受市場歡迎。

Cava de Vilarnau
口感和顏色都具
備多種選擇的西
班牙 Cava。

Cava

　　可產自西班牙各地，但最主要生產集中在東北部加泰隆尼亞的
Cava，是西班牙以和香檳一樣的「傳統」瓶中二次發酵法生產的氣泡酒。
過去主要使用當地的白葡萄品種釀製，如馬卡貝歐（Macabeo）、薩雷羅
（Xarel-lo）與帕雷亞達（Parellada），由通常占多數的馬卡貝歐構成主體，
薩雷羅補充厚實度和特殊土地類香氣，並且由帕雷亞達添加精緻度。近
年由於氣泡酒的全球風行，Cava 不只開放使用國際品種如夏多內與黑皮
諾等釀造，生產範圍也逐漸擴張到加泰隆尼亞以外。最新的法規還明定，
Cava 可以按酒渣培養期的不同分為幾個不同等級。

　　最普通的是至少經 9 個月酒渣培養期的 Cava（de Guarda），接著是
經 18 個月以上的陳釀 Cava de Guarda Superior，以及經 30 個月以上的特
級陳釀 Gran Reserva，最後是至少經 36 個月以上，且葡萄來自特定地塊
的特級珍藏 Cavas de Paraje Calificado。

　　多數 Cava 都有以清爽水果為主的淡雅風味，經過更長酒渣培養的高
等級酒款，則可能帶有更多複雜的香氣口感。對多數從未接觸過香檳的
味蕾而言，Cava 偏低的酸度可以是更具親和力的易飲選擇。

Bailly
Crémant de Bourgogne Cuvée
du Siecle Rosé
布根地著名的合作社氣泡酒款，
有白色和粉紅兩種版本。

Crémant

　　除了法國、義大利等著名葡萄酒產國，擁有許多生產氣泡酒的產區之外，即便是德國、奧地利等國，也都不乏以當地品種生產的風味特殊氣泡酒。以法國來說，除了產量占約六成的香檳以外，法國也在布根地、羅亞爾河、阿爾薩斯、南部等各產區都有由不同品種構成的氣泡酒。這些被稱為 Crémant 的氣泡酒，也都必須是以「傳統」瓶中二次發酵生產，並且經過 9 個月的酒渣培養後推出。同樣指氣泡酒的法文 Mousseux，則可以是用傳統的瓶中二次發酵或酒槽發酵法製成。

Domaine Huet
Vouvray 1999
以羅亞爾河地區經
有機栽種的白梢楠
（Chenin Blane）
品種釀成。

Didier Montchovet
Crémant de Bourgogne Blanc
de Blancs 2005
布根地混合夏多內和阿里哥蝶
（Aligoté）品種釀成的白中白。

**Lou Dumont
Crémant de
Bourgogne Blanc de
Blancs NV**
布根地僅以夏多內製
成的 Crémant。

**Ca'del Bosco
Cuvée Annamaria Clementi 2001**
該區最富盛名的酒廠在最好年分
才推出的頂級酒款,以約半數的
夏多內,混和各約四分之一的黑
皮諾與白皮諾,經 6 年以上酒窖
陳年推出。

Franciacorta

　　產自義大利北部倫巴底省（Longobardi）,用
幾乎和香檳相同的夏多內、黑皮諾（以及灰皮諾、
白皮諾）品種,採傳統瓶中二次發酵法釀製。無
年分必須經過至少 18 個月瓶中和酒渣接觸（收成
後經至少 25 個月才能出售）,被認為表現不亞於
香檳,但價格也離香檳不遠的氣泡酒。

Bisol
Crede Prosecco di
Valdobbiadene
旗下擁有一系列
Prosecco 酒款的 Bisol
酒廠，混和 15%其他品
種釀成的類型代表。

Prosecco

　　主要產自義大利東北部 Veneto 和 Friuli-Venezia
Giulia 地區，主要以格雷拉（Glera）葡萄品種（舊
名 Prosecco，但也可混和不超過 15%的其他品種），
並且經酒槽二次發酵製成的氣泡酒。由於進入本
世紀以來備受歡迎，全球產量大增，其中又以兩
個較高的 DOCG 等級（Asolo Prosecco、Conegliano
Valdobbiadene Prosecco）品質較佳，部分酒款甚至會
採用傳統的瓶中二次發酵法釀製，通常也會在酒標
特別註明。多數新鮮正常的 Prosecco 會有柑橘、梨
子與蘋果等清新水果芬芳，不只是當地極受歡迎的
開胃兼佐餐酒，較平實的價格也讓 Prosecco 在 2018
年就以超過五億瓶的銷量，成為全球氣泡酒銷量冠
軍。到了 2020 年，義大利更以超過六億瓶的氣泡
酒總產量，成為全球第一的氣泡酒生產國。

Spumante

　　義大利文用來指氣泡酒的
Spumante，雖然在酒標上的重要性
已經大不如前，但偶爾還是會出現。
由於義大利的各產區多有當地的特
色品種，因此 Spumante 可能是以任
何品種製成的不同顏色氣泡酒，作
法上也不拘於傳統或酒槽發酵法。

Carpineto
Farnito Spumante
Chardonnay
位於托斯卡尼的酒廠混和
不同年分收成的夏多內釀
成，具有夏多內風味和氣
泡觸感，充分展現義大利
對氣泡酒熱情的酒款。

常見氣泡酒一覽

氣泡酒名稱	產地	釀造	品種	陳年規範	風味
Asti	義大利西北部皮蒙	酒槽二次發酵	蜜思嘉		花香、柑橘類水果香氣、甜味口感，被稱為「裝瓶的葡萄」，適合盡早趁鮮飲用。
Cava	西班牙全域，主要在東北部加泰隆尼亞	傳統瓶中二次發酵	馬卡貝歐、薩雷羅與帕雷亞達等	須經 9 個月酒渣陳年。經 18 個月者可稱為 Cava de Guarda Superior，30 個月者稱 Gran Reserva，36 個月以上且葡萄來自特定地塊者稱 Cavas de Paraje Calificado。	多數有清爽水果為主的淡雅風味，偏低的酸度可以是更具親和力的易飲選擇。
Crémant	法國布根地、羅亞爾河、阿爾薩斯等各產區都有由不同品種釀製	傳統瓶中二次發酵	依各產區規範不同	必須經過 9 個月的酒渣陳年後推出。	依各產區不同。
Franciacorta	義大利北部倫巴底	傳統瓶中二次發酵	夏多內、黑皮諾、白皮諾	無年分酒款必須在收成後 25 個月才能銷售，酒渣接觸至少 18 個月；年分酒款必須在收成後 37 個月，酒渣接觸至少 30 個月。	義大利足以和香檳比擬的頂級氣泡酒。
Prosecco	義大利東北部 Veneto 和 Friuli-Venezia Giulia	酒槽二次發酵	格雷拉		常帶有柑橘類的清新水果芳香和杏仁般的後味，是當地很受歡迎的開胃兼佐餐酒。

香檳時光：品種、釀造、產區、酒款、品飲、餐
搭、故事，享受香檳必備指南 / 陳匡民著 . -- 二
版 . -- 臺北市：積木文化出版：英屬蓋曼群島商
家庭傳媒股份有限公司城邦分公司發行, 2022.12
　　面；　公分 . -- (飲饌風流 ; 113)
ISBN 978-986-459-471-9(平裝)

1.CST: 香檳酒

463.812　　　　　　　　　　　　111019085

飲饌風流 113

香檳時光 （原書名《我愛香檳》）

品種、釀造、產區、酒款、品飲、餐搭、故事，享受香檳必備指南

作　　　者／陳匡民
特 約 編 輯／魏嘉儀

總 編 輯／王秀婷
主　　　編／洪淑暖
版　　　權／徐昉驊
行 銷 業 務／黃明雪

發 行 人／凃玉雲
出　　　版／積木文化
　　　　　104 台北市民生東路二段 141 號 5 樓
　　　　　官方部落格：http://cubepress.com.tw/
　　　　　電話：(02) 2500-7696　　傳真：(02) 2500-1953
　　　　　讀者服務信箱：service_cube@hmg.com.tw
發　　　行／英屬蓋曼群島商家庭傳媒股份有限公司城邦分公司
　　　　　台北市民生東路二段 141 號 11 樓
　　　　　讀者服務專線：(02)25007718-9　24 小時傳真專線：(02)25001990-1
　　　　　服務時間：週一至週五上午 09:30-12:00、下午 13:30-17:00
　　　　　郵撥：19863813　　戶名：書虫股份有限公司
　　　　　網站：城邦讀書花園　網址：www.cite.com.tw
香港發行所／城邦（香港）出版集團有限公司
　　　　　香港灣仔駱克道 193 號東超商業中心 1 樓
　　　　　電話：852-25086231　　傳真：852-25789337
　　　　　電子信箱：hkcite@biznetvigator.com
馬新發行所／城邦（馬新）出版集團
　　　　　Cite (M) Sdn Bhd
　　　　　41, Jalan Radin Anum, Bandar Baru Sri Petaling,
　　　　　57000 Kuala Lumpur, Malaysia.
　　　　　電話：603-90578822　　傳真：603-90576622
　　　　　email: cite@cite.com.my

美 術 設 計／Pure
製 版 印 刷／上晴彩色印刷製版有限公司

【印刷版】
2010 年 12 月 21 日　初版一刷
2022 年 12 月 22 日　二版一刷
售　價／NT$ 580
ISBN　978-986-459-471-9

【電子版】
2022 年 12 月
ISBN　978-986-459-472-6（EPUB）